# 노을<sub>의</sub>
# 물리학

# 노을의 물리학

아침노을과
저녁노을이 다른
이유에 관한
물리학적 탐구

황춘성 지음

에이도스

## 머리말

언젠가 TV를 시청하는데, 프로그램의 진행자가 어떤 시설 현관에 걸려 있는 사진을 소개하면서 저녁노을처럼 보이는 아침노을 사진이라고 했다. '노을이 때에 따라 차이가 나나?' 말을 듣고 의문이 들었지만, 프로그램 진행자는 이것이 사진사들 사이에서는 꽤나 유명한 현상이라고 했다.

어렸을 적 등하교 하면서 본 노을의 기억을 떠올려보니 맞는 말 같았다. 그보다 더 어렸을 때인 다섯 살 무렵에는 동네 또래 아이들과 함께 집 근처 갯벌에 자주 놀러 갔었다. 그렇게 놀다 해가 질 무렵 출발해 집으로 돌아갔더니 너무 늦게 도착해서, 어느 날인가부터 햇빛이 노랗고 부드러워질 때쯤 출발해 집으로 돌아갔던 기억도 났다. 당시를 생각해보면 분명 차이가 있기는 했다.

초등학교 때 학급문고에 있던 과학책에서 아침노을과 저녁노을이 차이 나는 이유를 본 기억도 어렴풋하게 떠올랐다. 노을이 붉은 것은 먼지에 햇빛이 산란되기 때문인데, 낮에는 햇볕과 동물에 의해 땅에서 먼지가 많이 인다. 밤에는 먼지가 피어오르는 일이 적은데다가 기온이 내려가면서 그나마 있던 먼지에도 수증기가 응결해 달라붙으면서 땅으로 가라앉아 공기가 깨끗해진다. 그렇기 때문에 저녁노을이 아침노을보다 더 붉다고 설명하고 있었다. 우리 눈이 주변 환경의 밝기에 적응하면서 다르게 본다는 설명도 있었다.

나중에 노을에 대해서 다른 책을 찾아보았더니 인상파 화가 모네(C. Monet) 이야기가 나왔다. 모네는 시간에 따라 달라지는 빛의 변화를 그림에 담고 싶어서, 같은 장면을 연작으로 수도 없이 그렸다. 특히 색깔이 급변하는 해돋이와 해넘이를 꽤 많이 그렸다. 이 그림들은 '청록색의 싸늘한 해돋이와 주황빛의 따뜻한 해넘이 연작'[1]이라고 평가되고는 한다. 그중 1873년에 그린 〈인상, 해돋이〉라는 그림은 모네와 비슷한 화풍의 화가들에게 인상파라는 이름을 붙여준 작품이다.

그런데 모네가 그린 그림 속 노을은 별로 붉지도 않고, 또 해가 늘 땅과 어느 정도 떨어져 있다. 모네는 해돋이와 해넘이를 왜 이렇게 그렸을까? 당시의 나로선 알 수 없었다.

분명한 것은, 책의 설명으로는 (초등학교 4학년이던 내가 보기에도) 바다 한가운데에 있어서 먼지가 일 수 없는 섬에서도 노을이 차이 난다든지, 오전에 날카롭던 햇빛이 오후에 부드럽게 바뀐다든지 하는 현상을 설

---

**1** 초하뮤지엄.넷

모네,〈인상, 해돋이(Impression, Sunrise)〉(1873)

명하지 못했다. 공중에 해가 떠 있고, 해 주변의 노을을 붉지 않게 그린 모네의 그림도 설명이 되지 않았다.

　고등학교 때는 도플러효과에 대해 배우면서 도플러효과가 노을이 차이 나게 만드는 것 아닐까 하는 생각을 했다. 지구 위의 사람은 아침에는 해를 향해 움직이고, 저녁에는 해와 멀어지는 방향으로 움직이므로 도플러효과가 일어나서 아침에는 푸르게, 저녁에는 붉게 보일 것이라는 생각이 들었다. 그때 생각했던 대로 도플러효과는 노을에 충분히 영향을 줄까?

달과 관련된 현상들은 늘 재미있다. 교과서에도 달 이야기는 빠지지 않고 등장하며, 물리학을 공부하는 사람들끼리도 의견을 주고받는 경우가 많다. 언젠가 달에 대한 기조력이나 지구의 자전축에 영향을 주는 원리 같은 몇 가지 현상을 정리해 블로그에 올린 적이 있었다. 그 글을 보고 어떤 사람이 달과 지구에 대해 물어왔다. 질문의 내용이 정확하게 무엇이었는지는 기억나지 않지만, 당시 나는 지구의 자전속도가 느려지는 이유에 대한 글을 써서 답해주었다.

이 문제를 이야기하기 전에 널리 알려진 오류 이야기를 먼저 해야 할 듯하다. 이 책 179쪽 〈그림 7-3〉을 보면 지구의 바다가 달을 향한 방향과 반대방향으로 부풀어올라 있는 것을 확인할 수 있다. 사실 오류를 포함하고 있는 이 설명도가 한때 전 세계에서 쓰였다. 요즘도 이 설명도를 과학교과서, 교양과학서적, 과학 다큐, 과학 관련 사이트 등에서 흔히 볼 수 있다. 하지만 이런 설명도는 혼란만 가중시켰다. 어려운 문제는 아니었기에 이 질문을 조금 확장하고, 오류를 고친 설명도를 넣은 글을 써서 답해주었다.

블로그를 운영하던 티스토리(tistory.com) 사이트가 몇 년 전에 로그인 정책을 바꿨는데, 새 정책이 마음에 들지 않아서 워드프레스닷컴(wordpress.com)으로 이사했다. 예전 블로그에서 새 블로그로 포스트를 하나하나 일일이 '복붙'하며 글을 옮겨야 했다. 그러는 김에 깨진 링크나

바뀐 이론 같은 것을 손보며 교정했다. 그런데 위에서 말한 지구와 달에 대해 답변하느라 올렸던 글을 다시 본 순간, 설명도 속의 달이 언뜻 해로 보였다. 내 착각이었다. 그러나 해와 달이 지구에 가하는 조석력은 비슷하므로, 달이 해라면, 지구가 자전할 때 해로부터 멀어지는 쪽의 지구를 비추는 햇빛은 가까워지는 쪽의 지구를 비추는 햇빛보다 늘더 많은 공기분자와 만나야 했다.

'아, 그래서 그랬구나!'

저녁노을이 아침노을보다 붉은 이유를 이렇게 깨달았다. 이렇게 기조력을 설명하는 기존 설명도의 오류를 고쳤더니, 엉뚱하게 노을 문제의 답이 찾아졌다. 기뻤다. 널리 알리고 싶었다. 그런데 공기분자가 어디에는 많고, 어디에는 적다는 걸 설명하려면, 설명도를 왜 고쳐야 했는지 설명해야 했다. 물리에 관심이 많은 사람에게 설명하는 것이라면 간단한 몇 문장이면 충분하다. 하지만 물리에 관심이 많지 않은 사람들에게 설명하려면, 사전에 설명해야 할 것이 많아서 긴 글이 필요하다. 쓰는 김에 노을의 색깔이 변하는 광학현상[산란] 이야기까지 넣었다. (사실, 산란에 대해서도 공해가 심하면 산란이 많이 일어날 것이라는 이야기 같은 잘못 알려진 상식이 많아서 이 책이 아니더라도 설명할 필요가 있었다.) 그러다 보니 글이 점점 길어져서 결국에는 책 한 권 분량이 됐다.

이 책을 쓰면서 자주 추억에 빠져들었다. 어렸을 땐 정말 노을이 고왔는데, 요즘엔 그런 노을을 보기 힘들어 많이 아쉬웠는지, 볼리비아 루레나바께에 있던 아마존 비숲, 이집트 백사막, 아르헨티나 피츠로이와 칠레 토레스 델 파이네의 거대하고 하얀 바위를 붉게 물들이던 노을이 떠올랐다. 뉴질랜드의 렌즈운을 붉게 물들이던 노을도 떠올랐다. 이런 화려한 노을을 우리나라에서도 다시 볼 수 있으면 좋겠다. 언젠가는 그렇게 될 수 있을 것이라 기대해본다.

여러분도 이 책을 읽으며 노을을 더 좋아하게 되면 바랄 것이 없겠다. 끝으로 원고 곳곳에 자리잡고 살아가던 각종 오류와 잘못된 표현을 알려준 이웃블로거 snowall 님과, 원고 검토는 물론 물심양면으로 도와준 친구 한석이에게 큰 고마움을 전한다.

# 차례

# 1장

# 빛의 과학

노을은 해의 고도가 낮을 때, 해와 주변이 평소의 하늘과 색이 달라지는 현상이다. 지구에서는 해와 해 주변 하늘이 붉게 물든다. 사실 빛에 대해 잘 몰라도 이렇게 간단하게 노을에 대해 말할 수 있다. 하지만 노을을 조금이라도 더 자세히 이해하려면 빛에 대해 알아야 한다.

노을 색깔이 달라지는 것은 익히 알려진 대로 햇빛이 대기에 의해 산란되기 때문이다. 산란은 굴절, 반사 같은 우리가 잘 알고 있는 광학현상의 한 측면으로 나타나는 현상이다. 이런 광학현상은 학교에서 이미 배웠을 수도 있지만, 학교에서는 아예 언급하지 않고 넘어가는 내용도 많으므로, 필요한 만큼 간단하게 살펴보자.

# 1. 빛이란 무엇인가?

빛을 느끼는 시각은 사람을 포함해 눈이 있는 동물이 대부분의 정보를 얻는 중요한 감각이다. 이렇게 중요한 감각이다 보니 빛과 시각에 대해 관심을 갖고, 깊이 탐구했던 선각자는 매우 많았다. 혹자는 빛에 대해 많은 사람이 고민했음에도 아직 빛을 충분히 알지 못하는 이유가 무엇인가 하는 의문을 제기할 수도 있을 것이다. 과학자들이 빛에 대해 잘 모른다는 걸 알기까지 수백 년이 걸렸다는 게 이유 중 하나일 것이다. 문제를 알아야 답을 찾을 수 있는데, 문제를 모르니까 답을 찾을 생각을 못 했던 것이다. 20세기 들어서야 빛이 결코 간단하지 않다는 걸 알게 되었다. 이제는 심지어 빛을 알면 우주의 모든 것을 알게 될 거라고 생각하는 과학자도 있다.

현대물리학은 빛에 대해 이렇게 이야기한다. 빛은 자체로 존재하는 파동이자 에너지 덩어리인 입자이다. 파동일 때는 광파(Light wave)로, 입자일 때는 빛알(Photon)로 나타난다. 광파와 빛알은 비슷한 듯하면서도 많이 다르다.

## 광파

파동의 모습인 광파는 엄청나게 긴 모습으로 나타날 수도 있고, 엄청나게 짧은 모습으로 나타날 수도 있다. 에너지가 작을 때는 파장이 길어지고, 에너지가 클 때는 파장이 짧아져서 이런 결과를 초래한다. 그리고 광파는 전기장과 자기장과 진행방향이 서로 수직으로 형성되는 횡파이다.

광파는 파동의 모습으로 회절, 산란, 굴절 같은 여러 광학현상을 일으킨다. 이런 광학현상은 누구나 원한다면 당장 관찰할 수 있다. 여러분이 갖고 있는 종이, 볼펜만 있으면 된다. 이런 게 없다면 당장 손만 눈앞에 대도 광학현상이 일어나는 걸 볼 수 있다. 아니, 손을 댈 것도 없이 눈꺼풀을 살며시 감아 실눈을 뜨기만 해도 온갖 광학현상이 보인다.

## 빛알

입자의 모습인 빛알은 크기가 없다. 즉, 점입자이다. 빛이 파동일 때는 길이가 엄청 길어질 수도, 짧아질 수도 있다고 하지 않았는가? 하지만 양자역학은 렙톤, 쿼크, 힘을 매개하는 입자 같은 기본입자는 모두 크기가 없다고 정의한다. 빛알도 전자기력을 매개하는 입자이므로 크기가 없다. 이 아이러니 앞에서 무슨 일이 벌어지고 있는지, 내가 무슨 이야기를 하고 있는 건지 도통 모르겠다. 아무튼, 빛알은 질량(Rest Mass)도 없고, 전하도 없고, 속도는 진공에서는 관성계에 상관없이 $c$로 늘 일정하고,[1] 스핀(spin)이 1이다. 이게 빛알의 기본속성이다. 가장 중요한 에너지는 운동량과 속도의 곱으로 주어진다. 보통은 플랑크 상수 $h$와 진동수 $f$의 곱

---

**1** 빛의 속도를 알파벳 '$c$'로 쓰는 건 맥스웰이 논문에서 그렇게 쓴 이후 관습화된 것이다. $c$ 속도로 움직이는 것은 빛 이외에도 중력자(graviton)가 있다. 오늘날에는 단위계를 고쳐서 빛의 속도를 정확히 2'9979'2458m/s로 정의한다.

인 $hf$로 구할 수 있다. 따라서 운동량은 에너지를 속도로 나눈 $\frac{hf}{c}$이다.

빛알이 입자의 모습으로 일으키는 현상은 직진과 광전효과가 잘 알려져 있다. 영상촬영기기의 센서나 태양전지가 광전효과로 작동한다. 우리 눈의 망막세포도 광전효과 방식으로 빛알과 반응한다.

이 두 가지 형태가 현대물리학이 빛을 생각하는 방법이다. 하지만 이 방법도 빛의 본질에 대해서는 접근하지 못한 채로 관찰한 결과를 정리한 결과론에 가깝다. 근본에 접근하기 힘든 이유는 빛이라는 존재가 원래 어렵기 때문이다.

### 빛과 전자의 반응

원자 안에 있는 전자는 현재 위치하는 원자껍질과 다른 비어 있는 원자껍질과의 에너지 차이와 일치하는 에너지를 갖는 빛과 만나면 흡수하며 다른 원자껍질로 자리를 옮긴다. 시간이 지나면 원래 있던 원자껍질로 되돌아가며 흡수했던 빛을 다시 내놓는다. 이런 현상은 경우에 따라 다르지만, 보통 $10^{-8}$초 정도 걸린다.[2] 이때 빛알은 반응했던 전자의 상태에 따라 처음 왔던 방향대로 에너지와 운동량을 보존하며 방출되기도 하고, 에너지와 운동량을 무시하며 방출되기도 한다. 어떤 경우엔 전자에 흡수된 뒤에 열 같은 다른 에너지 형태로 바뀌기도 한다. 이

---

**2** 최근 양자역학 연구에 의하면, 전자가 궤도와 궤도 사이를 옮겨가는 데 $10^{-6}$초 정도가 걸린다고 한다. 그러므로 빛이 반응하는 데 $10^{-8}$초 정도 걸린다는 기존 이론은 수정이 필요해 보인다.

반응은 빛알의 모습으로 일으키는 현상이다. 그러나 빛이 원자 안에 있지 않은 전자를 만나면 광파, 즉 파동의 모습으로 반응할 수도 있다.

●

빛과 전자의 이런 반응은 빛의 에너지와 운동량이 보존되며 반응하는 선형반응과 보존되지 않으며 반응하는 비선형반응으로 나뉜다.

'선형반응'은 영향을 가하면 그에 비례해서 반응이 일어나는 현상을 말한다. 빛에서의 선형반응은 상식이라 할 정도로 널리 알려져 있는 직진, 반사, 굴절(분산), 간섭, 회절, 산란, 복굴절 등이 있다. 한 가지 주의할 점이 있다. 이 광학현상들은 모두 같은 현상인데, 광학현상이 막 알려지기 시작하던 때에 실험조건에 따라 결과가 다르게 관찰되자 각각의 결과에 따로 이름을 붙인 것이다.[3] 그렇기 때문에 하나의 관찰결과를 여러 광학현상으로 다르게 설명할 수도 있다. (물론 각각의 광학현상을 대표하는 수식은 모두 각 조건에 맞게 최적화한 근사식이므로, 어떤 광학현상으로 생각하고 계산하느냐에 따라 결과가 크게 달라질 수도 있다.)[4]

'비선형반응'은 매질이 받은 영향과 일어나는 반응이 비례하지 않는

---

**3**  이런 이유 때문에 이를테면 무지개가 생기는 원리는 어떤 현상인가 같은 질문(이 문제가 수능에 출제된 적이 있다)을 할 때는 세심하게 주의해야 한다.

**4**  여기에서 하나 알아두면 좋은 것이 빛의 역진성이다. 역진성은 움직여간 빛이 반대방향으로 움직이면 이전에 움직인 궤적을 그대로 따라 처음 출발한 곳으로 되돌아간다는 것이다. 이것은 반응 도중에 확률이 관여하는 산란을 제외한 모든 선형반응이 만족하는 성질이다.

현상을 말한다. 빛이 특별한 성질을 갖는 매질을 지나거나, 빛의 세기가 매질이 감당할 수 없을 정도로 강할 때 주로 일어난다. 매질의 특별한 성질 때문에 일어나는 현상은 레이저가 매질 안을 지날 때 일어나는 광정류, 광조화파 발생, 주파수 혼합, 빛의 자체집속 같은 현상이 있다. 빛의 세기가 강해지면 굴절률이 변하는 커 효과(Kerr effect)는 광섬유 안을 움직이는 빛알이 뭉친 상태를 유지하게 만드는 솔리톤(Soliton) 현상을 유도한다. (솔리톤은 대부분 이렇게 일어나지만, 최근에는 매질의 특별한 성질이나 기하학적 구조에 의해 유도되는 것이 발견됐다.) 에너지가 매우 큰 빛알이 매질을 지날 때는 콤프턴 산란 같은 현상이 일어난다. 그리고 광전효과도 비선형반응이다.

이 비선형반응들은 하나하나가 모두 무척 재미있지만, 우리가 살펴보고자 하는 노을과는 관련성이 거의 없으므로, 이후에는 광전효과 이외에는 언급하지 않을 것이다.


## 2. 빛은 어떻게 움직일까?

빛은 전자기력을 매개한다. 그러니까 화물을 생산자로부터 소비자에게 배달할 때 사용되는 자동차처럼, 빛은 한 전하에서 다른 전하로 에너지와 운동량을 전달한다. 따라서 물질에 대해 알려면 빛에 대해 알아야 하고, 빛에 대해 알려면 빛이 어떻게 움직이는지 알아야 한다.

빛이 일으키는 여러 현상은 어렵지 않게 관찰할 수 있으므로, 빛이 움직이는 근본적인 원리에 대해 많은 과학자와 철학자가 고민했을 것이다. 하지만 근본적인 원리에 접근하는 건 매우 어렵다. 지금까지 인류가 발견한 원리는 하위헌스의 원리, 페르마의 최소시간의 원리, 양자전기역학 이렇게 세 가지뿐이다. 내용이 어려우니 과학의 대가들이 풀어놓은 결과 중 일부만 살펴보자.

## 하위헌스의 원리

'하위헌스의 원리'는 진행하는 광파의 각 부분이 파원(파동을 일으키는 원인)이 되어 다음에 진행될 광파를 만든다는 아이디어이다. 영(Thomas Young)의 이중슬릿 실험을 설명하기 위해 만들어졌으며, 광파가 진행하는 방식을 직관적으로 보여준다. 그러나 빛알의 움직임과 일부 광학현상은

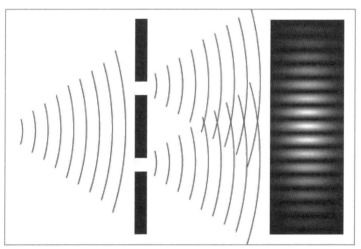

**그림 1-1**　영의 이중슬릿 실험. 두 개의 슬릿은 따로따로 파원이 된다.

제대로 설명하지 못한다.

## 페르마의 최소시간의 원리

'페르마의 최소시간의 원리'는 빛은 가장 빨리 갈 수 있는 길[경로]을 따라 움직인다는 경험[패러다임]에 입각한 결론이다. 가장 빠른 길을 따라 움직이기 때문에, 기본적으로 똑바로 움직인다. 이런 빛의 성질을 직진이라고 한다.[5] 매질에 의해 일어나는 굴절, 반사 같은 광학현상뿐 아니라 블랙홀 같은 질량이 큰 천체의 중력에 의해 빛 방향이 꺾이는 중력렌즈 같은 현상도 적절히 설명한다(기하광학을 거의 모두 설명할 수 있다). 하지만 왜 가장 빠른 길을 따라 움직이느냐 하는 근본적인 의문은 여전히 남는다.

## 간섭

간섭은 빛의 전파 방법이 아니라 기초적인 광학현상이지만, 양자전기역학을 이해하려면 알아야 해서 여기에서 설명한다.

여러 광파가 한 점에서 만날 때, 광파들의 위상 차이에 따라 달라져 보인다. 모인 광파의 위상이 거의 같으면 더 강하게 관측되고, 반대이면 약하게 관측되거나 관측되지 않기도 한다. 이런 현상을 간섭이라고 한다.

---

**5** 엄밀히 말하면 빛뿐만 아니라 모든 것은 직진한다. 질량을 갖고 있는 물체도 '관성' 때문에 직진한다. 물론 빛이나 중력파처럼 질량이 없는 존재가 움직이는 직진과는 차이가 크다.

**그림 1-2**  (위) 거품은 크기에 따라 표면장력이 달라서 물막의 두께가 달라진다. 또 커피믹스의 거품은 단순한 물막이 아니라 지질, 물 같은 성분이 여러 층으로 분리된다. 따라서 거품의 크기와 성분에 따라 반사되는 빛의 간섭이 다르게 일어나서 색깔이 달라진다.

(아래) 반투명한 커튼을 통과한 빛은 커튼을 통과할 때 일어난 회절 때문에 간섭이 일어나서 여러 개가 반복되어 있는 것처럼 보인다.

**그림 1-3**    장끼의 깃털. 새의 깃털은 매우 작은 투명한 물질이 반복해서 나열되어 있다. 나열된 물질의 두께나 반복되는 주기 등에 의해 색깔이 달라지고, 관찰자가 보는 각도에 따라서도 색깔이 달라진다. 따라서 깃털의 색이 다르다는 것은 깃털을 이루는 물질의 형상이 다르다는 것을 뜻하므로, 깃털을 만드는 조직이 다르다. (공룡화석을 현미경으로 관찰하면 공룡의 색깔을 알 수 있다고 한다.) (출처: 페이스@인천사진동호회 빛을담은사진)

일상생활 속에서 간섭이 일어난다는 걸 알아챌 수 있는 경우는 거의 없지만, 알고 보면 규칙적 배열에 의한 간섭과 다층반사막에 의한 간섭 같은 구조색(물질의 구조 때문에 나타나는 색깔) 등으로 보편적으로 볼 수 있는 현상이다.

규칙적 배열에 의한 간섭은 반복적으로 배열된 반사체에서 반사된 빛이 한 곳에 모일 때 간섭이 일어나는 현상을 말한다. 새의 깃털, 홀로그램, 집게와 거북손의 만각(긴 털이 나란히 나 있어서 먹이를 걸러먹는 데 쓰는 다리. 촘촘히 나 있는 얇은 털이 간섭을 쉽게 일으킨다), 거미줄, 문어와 오징어의 피부 등에서 볼 수 있다. 푸른 색소를 만드는 동물은 거의 없으므로, 파랗게 보이는 동물 천 마리 중 한 마리도 안 되는 정도만 색소색이고, 나머지는 전부 구조색으로 생각하면 된다. (파란 색소를 만드는 동물종은 전체의 1퍼센트 정도지만, 이런 동물 중에 개체수가 많은 종은 거의 없기 때문에 관찰되는 빈도는 매우 낮다.)

다층반사막에 의한 간섭은 투명한 물질이 층을 이루고 있을 때, 각 층의 경계면에서 반사된 빛이 움직인 경로가 달라져서 위상이 달라진 채 겹쳐서 간섭이 일어나는 현상이다. 삶은 고기, 광물 결정, 나비와 물고기의 비늘, 거품 등에서 볼 수 있다. 전복, 진주조개, 홍합 같은 조개껍데기도 다층반사막을 일으키는데, 껍데기 안에 틈새가 전혀 없기 때문이다. (그래서 보통 조개껍데기보다 훨씬 단단하다.) 우리 조상들은 이런 조개껍데기를 고운 자개로 가공해서 여러 생활용품을 만들었다. 요즘에는 안경이나 카메라 같은 광학기기에 반사방지 코팅을 하는 등의 방법으로 많이 활용된다.

이런 구조색은 바라보는 각도에 따라 간섭이 일어나고 남은 빛의 위상이 달라지기 때문에 색깔이 다르게 보인다. 그래서 영롱하다. 그러나 영상으로 담으면 맨눈으로 볼 때보다 덜 고운데, 광학기기의 대물렌즈가 사람 눈보다 구경이 더 크기 때문이다. 다양한 파장의 빛을 한 곳에 모으면 무채색에 가깝게 보이는 것처럼, 구경이 넓은 렌즈로 촬영하면 각 방향에서 볼 때 색깔이 다르게 보일 빛을 모두 한 점에 겹쳐서 보는 셈이다 보니 모든 색이 두드러져 보이지 않는 것이다.[6] 촬영장비의 대물렌즈를 크게 만드는 이유는 상을 밝게 하고, 분해능한계각을 작게 만들어서 선명한 영상을 얻기 위해서다. 색감을 좋게 할 것이냐, 선명한 영상을 얻을 것이냐는 힘든 선택이다.

## 양자전기역학

파인만은 '양자전기역학'(Quantum ElectroDynamics; QED)이라고 불리는 특이하고 복잡하지만 재미있는 발상을 했다.[7] 양자전기역학은 빛이 직진한다는 보통 패러다임과는 상반되는 가정, 즉 '빛이 임의의 두 점 사이를 움직일 때 특정 경로를 따라 움직이는 것이 아니다'라는 가정에서

**6**  그래서 상대적으로 사람보다 눈이 더 작은 절지동물이나 쥐 같은 동물은 세상을 훨씬 휘황찬란하게 볼 것이다. 스마트폰으로 찍은 사진이 고급 카메라로 찍은 사진보다 색깔이 더 화려한 것은 렌즈가 작기 때문일 수도 있다. 그래서인지 작은 동물일수록 생김새가 더 화려하다. 예를 들어 그냥 까맣게 보이는 거저리도 사진으로 보면 까만 껍질 중간중간에 알록달록한 점이 곱게 찍혀 있다.

**7**  양자전기역학은 파인만이 재미있는 발상을 통해 제시했다. 줄리언 슈윙거, 도모나가 신이치로도 독립적으로 양자전기역학 개념을 제안하고 발전시켰다. 그래서 이 3명이 노벨상을 공동으로 받았다.

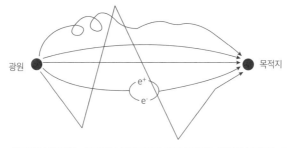

**그림 1-4**　QED에서 생각하는, 광원에서 목적지까지 빛이 움직이는 방법을 보여주는 그림. 빛은 휘어지고, 꺾이는 등 우리가 상상할 수 있는 모든 방법으로 목적지까지 움직인다.

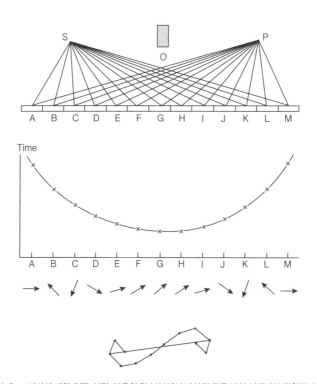

**그림 1-5**　반사에 대한 QED 설명. 거울의 각 부분에서 반사된 모든 빛이 더해져서 관찰된다.

출발한다. 빛은 출발하는 곳과 도착하는 곳 사이를 잇는 모든 경로를 따라 동시에 움직인다. 상대성이론의 '빛보다 빨리 움직이는 것은 없다'는 대전제도 무시한다.

빛은 우주 끝까지 갔다 오는 비현실적인 경로나, 다른 입자로 변했다가 다시 빛이 되어 돌아오는 괴이한 과정을 포함하는 경로까지 모든 경로를 지나고 온다. 아주 짧은 거리를 움직이더라도 전 우주를 아우르며 들렀다 오는 셈이다. 이렇게 세상의 모든 경로를 지나온 빛은 마지막에 가려던 곳에 모인다. 그리고 도착한 빛은 대부분 다른 경로를 지나온, 위상이 반대인 빛이 있어서 상쇄해 없어진다. 결국 페르마가 말했던 최소 시간의 원리를 만족하는 경로를 지나온 단 하나의 빛만 없어지지 않고 남는다. 이 원리는 광파와 빛알의 모습으로 일으키는 모든 현상을 설명한다.

이 아이디어는 우리가 사용하는 물리학 이론 중에서 가장 정확하다고 말할 수 있을 정도로 강력하다. 실험값과 이론치가 0.00000001퍼센트 정도 다를 수 있다고 한다. 이는 실험 오차를 고려하면, 이론이 맞는지 틀리는지 더 이상 확인할 수 없을 정도다. 스티븐 호킹은『시간의 역사』에서 양자전기역학은 자연의 원리 중에 가장 중요해서 미래에 나올 이론이 꼭 만족시켜야 할 조건이라고 말한 바 있다. 그러니까 앞으로 광학현상에 대해 이야기할 때마다 양자전기역학을 한 번씩 떠올려보자.

이중슬릿 실험을 양자전기역학으로 생각해보자. 빛알이 광원에서 출발해서 스크린까지 가는 경로는 두 개가 있다. 광원에서 빛알을 하나씩

보내면 어떤 경로를 통해 이동했는지는 모르겠지만, 빛알은 스크린에 도착해서 점을 하나씩 만든다. 한참 시간이 흘러서 스크린에 도착한 빛알이 많아지면, 스크린에 찍힌 모든 점들의 전체 모습은 익히 알려진 간섭무늬로 나타난다. 움직여갈 수 있는 경로가 두 가지이기 때문에 빛알 혼자서 스스로 간섭을 일으킨 것이다. 어떻게 이런 일이 일어나는 것일까?

그런데 두 슬릿 중 한쪽에 빛알 검출기를 설치하고 같은 실험을 하면 모든 간섭무늬가 사라진다. 빛알이 광원에서 출발한 뒤 빛알 검출기가 설치된 슬릿까지 오는 경로, 그리고 슬릿에서 스크린까지 가는 경로가 나뉘기 때문에 나타나는 현상이다. (똑같은 현상을 빛이 아닌 전자 같은 입자로도 재현할 수 있다.)

하지만, 양자전기역학도 충분히 설명하지 못하는 문제가 많다. 예를 들어, 빛이 매질 속을 움직일 때 속도가 달라지는 문제, 말하자면 기본 중의 기본이라고 생각되는 문제조차도 잘 설명하지 못한다. 다만 우리는 전자와 상호작용하는 과정에서 속도가 달라지는 것이라고 믿고 있다.


## 3. 스펙트럼

스펙트럼은 빛을 파장별로 분해해서 나열해 놓은 것을 말한다. 스펙트럼은 자연에서도 종종 관찰되는데, 하늘에 뜨는 무지개나 달무리가 대표적이며, 눈, 이슬, 서리 같은 것에서도 나타나곤 한다. 보통은 사람들이 인식하지 못해서 생긴지도 모르고 지나치지만, 유리문에 비친 햇빛

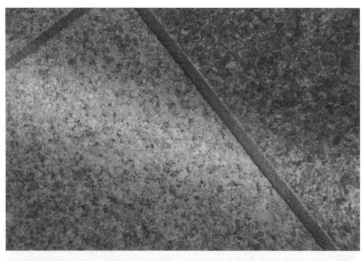

**그림 1-5** (위) 유리문에 쪼인 햇빛이 나뉘어 무지개로 나타났다.

(아래) 크리스털이 조명빛을 색깔별로 나누어 굴절시켰고, 이렇게 색깔별로 나뉜 빛이 출입문 앞에 늘어진 발 사이를 통과한 뒤에 카메라 센서에서 스펙트럼이 되었다.

이나 조명에 매달린 크리스털 같은 것에서도 관찰된다.

스펙트럼을 처음으로 체계적으로 연구한 사람은 뉴턴이었다. 프리즘으로 햇빛을 분해해 처음으로 무지개를 만들었고, 이렇게 만들어진 무지개를 프리즘으로 모으면 다시 햇빛으로 되돌아간다는 것을 발견했다.

지금은 보통 광학기기로 만든 무지개를 스펙트럼이라고 부른다. 사진에서 초점이 맞지 않은 부분이나 빛망울에서 색깔이 달라져 보이는 것도 스펙트럼이다. 스펙트럼은 세부적인 모습에 따라 흡수스펙트럼과 방출스펙트럼 등으로 나눠서 생각한다.

## 굴절과 분산

빛은 매질에 따라 움직이는 속도가 달라진다. 두 매질의 경계에서 빛의 속도가 변할 때, 빛의 전파 방법에 따라 방향도 꺾인다. 이때 일어나는 모든 현상을 굴절이라 하고, 빛 속도가 달라지는 비율을 굴절률이라고 부른다.[8] 물질을 전혀 포함하지 않는 진공에서의 빛의 속도는 모든 속도 중에 가장 빠른 $c$이므로 진공의 굴절률을 기준인 1로 삼고, 물질 안에서의 굴절률은 빛의 속도에 반비례한다고 정의해서 항상 1보다 크게 만들었다. 이런 모든 것을 고려해서 굴절에 대해 정리한 것이 스넬의 법칙(Snell's law)이다. 매질 1과 2가 경계를 이루고 있을 때 빛은 다음과 같은 공식을 따른다.

---

[8] 다른 물질이 접해 있더라도 두 물질 안에서의 빛의 속도가 같으면 굴절이 일어나지 않는다.

$$\frac{\sin\theta_1}{\sin\theta_2} = \frac{v_1}{v_2} = \frac{\lambda_1}{\lambda_2} = \frac{n_2}{n_1}$$

$\theta_1, \theta_2$: 각 매질에서 입사각[9]

$v_1, v_2$: 각 매질에서의 빛의 속도

$\lambda_1, \lambda_2$: 각 매질에서의 빛의 파장

$n_1, n_2$: 각 매질의 굴절률

매질의 경계를 지나는 빛이 얼마나 꺾이는지는 앞서 살펴본 빛이 전파되는 원리로 설명할 수 있다. 이렇게 두 매질의 경계를 빛이 지나며 굴절을 일으킬 때 동시에 반사도 일어난다. 입사각이 클수록 스넬의 법칙에 따라 매질 경계면을 지나는 빛은 줄어들고, 스넬의 법칙과 상관없이 반사되는 빛은 많아진다.

'물속에서는 밤이 빨리 온다'(물에선 밤이 빨리 오쥬게.)는 제주도 해녀들의 이야기는 햇빛이 물에 어느 정도 이상의 각도로 입사할 때 물 안으로 굴절을 일으키며 들어가지만, 해가 기울어서 물에 어느 정도 이상의 비스듬한 각도로 입사할 때는 수면에서 거의 모두 반사되며 물 안으로 들어가는 빛이 대부분 사라져서 갑자기 어두워진다는 의미다.[10] 이 말을 통해 스넬의 법칙이 어떤 모습으로 나타나는지 어렴풋하게나

---

**9** 입사각은 매질이 이루는 경계면에 수직인 선과 빛의 진행방향 사이의 각도로 정의한다.

**10** 잔잔한 물에서 실험하면 임계각(스넬의 법칙에 의해서 굴절각이 90°가 되는 입사각)에서 갑자기 전반사가 일어나서 (해의 겉보기 각도가 약 0.5°라는 걸 감안해도) 물 안으로 들어가는 햇빛이 갑자기 없어지는 것처럼 느껴질 것이다. 그러나 바다에는 늘 파도가 치며, 파도에 빛이 비추는 각도는 불규칙하게 변하므로 갑자기 모든 빛이 전반사가 일어나는 경우와 비교할 때 서서히 불규칙하게 줄어든다.

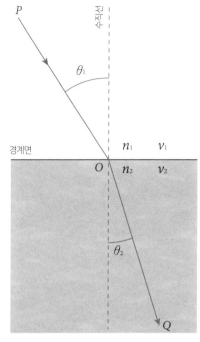

P

진공수

$\theta_1$

경계면

$n_1$   $v_1$

O   $n_2$   $v_2$

$\theta_2$

Q

**그림 1-6** 스넬의 법칙을 나타내는 그림

마 이해할 수 있다.

한편, 굴절률은 같은 매질이라도 파장에 따라 다르므로, 굴절된 빛은 색깔에 따라 나뉜다. 이런 현상을 분산이라고 부른다. 분산에 의해 나뉜 빛을 연속으로 나열한 것을 스펙트럼이라고 부른다. 스펙트럼의 한 예가 고운 무지개이다. 무지개를 생각하면 좋은 현상 같지만, 스펙트럼은 망원경이나 카메라 같은 광학기기를 만들기 힘들게 하기도 한다.

어느 날, 해가 뉘엿뉘엿 저물 무렵 집으로 돌아왔다. 점심을 안 먹어서 배가 고팠다. 어머니는 밥과 부엌에 남아있던 갖은 재료를 큰 양푼에 넣고 비비셨다. 나는 어머니 반대편의 부뚜막에 앉아서 숟가락으로 밥을 담뿍 퍼 입안에 넣었다. 참 맛있었다.

밥을 먹은 숟가락을 입에서 뺐는데, 숟가락에서 김이 나고 있었다. 밥이 꽤 따뜻해서 그랬던 것 같다. 그런데 그 김은 뭔가가 달라 보였다. 자세히 볼 필요도 없이 무지개가 숟가락에 걸려 있었다. 어머니께 무지개가 떴다며 손가락으로 숟가락 위를 가리키자 어머니는 그저 웃으셨다. 아마 그동안 관찰은 하지 않고 책만 파는 나를 안타깝게 여기거나 어이없게 생각하셨을지도 모르겠다. 아무튼, 난 그렇게 두 번째로 인상 깊은 무지개를 보았다. 무지개가 생기는 원리는 초등학교 때부터 책에서 수도 없이 보았지만 그저 먼 나라 이야기일 뿐이었는데, 숟가락 위에서 무지개를 본 후로는 더 이상 먼 나라 이야기가 아니었다.

이 일을 계기로 무지개에 대해 관심을 지속적으로 갖게 된 걸까? 어른이 되어 무지개각을 계산해서 어디어디에서 무지개가 뜬다는 걸 알고 나자, 매년 서너 번씩은 무지개를 보게 됐다. 비록 곱고 화려한 모습으로 찾아오는 게 아니라 흘깃 눈길만 주고 가버리는 채운이 대부분이지만….

## 흡수스펙트럼

프라운호퍼(Joseph von Fraunhofer)는 19세기 초에 광학기기 제조기술을 혁신적으로 개선한 뒤에, 이를 이용해서 햇빛을 분광하여 스펙트럼에서 검은 선을 발견했다. 이 선은 늘 같은 위치에 나타났다. 프라운호퍼는 이후 흡수스펙트럼을 각종 광학기기 제조의 표준으로 이용했다. 지금은 이 검은 선을 흡수선(스펙트럼선)이라 하고, 흡수선이 나타난 스펙트럼을 흡수스펙트럼이라고 부른다.

이후 빛이 물질을 통과할 때 흡수선이 생긴다는 사실이 알려지자, 과학자들은 구할 수 있는 모든 물질의 흡수선을 조사하였다. 하지만 19세기에는 흡수선의 물리적 의미를 알 수 없었다.

**그림 1-7**　프라운호퍼가 그린 해의 흡수스펙트럼. 당시 사람들은 흡수선이 왜 생기는지 몰라서, 흡수선에 알파벳으로 이름을 붙여놓았다. (출처 : NASA)

## 18족 원소의 발견

지구상의 대부분의 물질에 대한 분광이 끝나갈 즈음인 1868년, 프랑스 천문학자인 얀센(Pierre Janssen)은 인도에서 개기일식이 일어날 때 해의 스펙트럼 사진을 찍었다. 그런데 그 사진에서 이전에 보고된 적이 없던 새로운 흡수선을 발견하였다. 지구에는 없고, 해에는 많은 어떤 물질이 있는 것이 분명했다. 얀센은 이 물질에 해를 의미하는 그리스어 '헬리

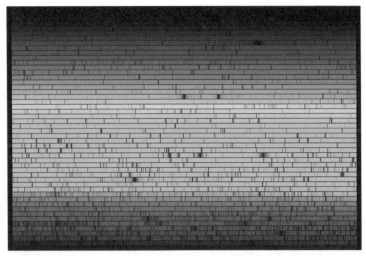

**그림 1-8** 현대의 분광학. 햇빛을 지구에서 관찰한 흡수스펙트럼이다. 이 스펙트럼에는 해의 대기에서 만들어진 수소와 헬륨의 흡수선 뿐만 아니라, 지구의 대기에서 만들어진 질소와 산소 등의 흡수선도 나타나 있다. (출처: NASA)

오스(helios)'에서 이름을 따와 헬륨(Helium; He)이라고 이름 붙였다. 이 발견은 화학자들을 혼란에 빠트렸다. 17주기로 맞춰져 있던 원소주기율표에는 헬륨이 차지할 자리가 없었기 때문이다. (원소주기율표를 처음 만들었던 멘델레예프는 헬륨 이야기를 듣고는 그런 게 어디 있느냐며 그냥 무시했다고 한다.)

영국의 램지(William Ramsay)와 레일리(John Rayleigh)는 공기를 화학적으로 처리해서 산소와 질소를 모두 제거하고, 나머지 잔류물도 모두 제거하려고 했다. 그러나 1퍼센트 가량의 기체는 어떤 방법으로도 제거할 수 없었다. 이렇게 제거할 수 없었던 물질에 게을러서 반응하지 않는다는 의미로 아르곤(Argon; Ar)이라는 이름을 붙여주었다. (사실 그들은 모르고 있었지만, 캐번디시(Henry Cavendish)가 이미 100여 년 전에 같은 실험을 해서 같은 결과를 얻은 바 있었다.) 화학자들은 이 물질 또한 원소주기율표에는 차지할 자리가 없다는 것을 알게 됐다.

이후 램지는 여러 가지 방사성 원소가 알파붕괴($\alpha$-붕괴)하며 방출되어 광석 속에 갇혀 있던 알파입자($\alpha$입자; 헬륨 원자핵)를 우라늄 광석에서 추출해낸다. 지구에서 처음 얻은 헬륨이었다. (지금은 상업적으로는 천연가스에 섞여 나온 것을 정제해 얻는다. 일부 천연가스전에 헬륨이 유달리 많이 포함돼 있는데, 왜 그런지는 모른다.)

결국, 원소주기율표에 헬륨과 아르곤의 자리로 18족을 만들 수밖에 없었다.

## 흡수스펙트럼의 원리

흡수스펙트럼은 원자궤도(전자궤도; Orbital) 사이를 전자들이 옮겨 다니면서 빛을 흡수해서 생긴다. 원자궤도는 에너지가 연속적이지 않기 때문에 전자가 흡수하고 방출하는 에너지도 띄엄띄엄 나타나는 것이다.

햇빛은 거의 모든 파장의 빛을 포함한다. 그런데 햇빛이 해의 대기인 코로나를 지날 때, 반응할 수 있는 원자궤도의 전자와 만난 특정 에너지의 빛알은 전자를 들뜨게 하면서 흡수되어 사라진다. 물론 이때 들뜬 전자는 다시 원래의 궤도로 되돌아가기 때문에, 흡수됐던 빛알은 다시 방출된다. 다시 방출된 빛알은 모든 방향으로 균등하게 퍼져나가므로, 해 외부에서 볼 때, 해 표면에서 처음 출발했을 때보다 약하게 보인다. 그렇기 때문에 (해의 흑점이 원래는 매우 밝은 빛을 방출하지만, 해의 다른 표면에 비해서 상대적으로 빛을 약하게 방출하기 때문에 검게 보이는 것처럼) 스펙트럼에서 상대적으로 검게 보이는 부분이 생긴다.

## 방출스펙트럼

헬륨 원자에 어떠한 방법으로 에너지를 공급해서 전자를 들뜨게(에너지가 높은 원자궤도로 옮겨가게) 만들었다고 생각해보자. 들떴던 전자는 다시 원래대로 되돌아가면서 빛을 방출한다. 이 빛으로 스펙트럼을 만들면 몇몇 파장의 선만 나타난다. 이 스펙트럼을 방출스펙트럼(선스펙트럼)이라고 부르며, 여기에 나타난 선을 분광선(스펙트럼선)이라고 부른다. 앞서 말했던, 얀센이 개기일식 때 해의 스펙트럼에서 처음 발견했던 헬륨의 스펙트럼선이 이렇게 생긴 것이다.

방출스펙트럼은 흡수스펙트럼을 반전시킨 것과 모양이 완전히 같다. 만들어지는 원리가 반대이기 때문이다.

금속원소의 불꽃 반응도 같은 원리로 생긴다. 예를 들어 소듐(sodium; Na)을 불꽃이나 방전관에 넣어 만든 방출스펙트럼은 흡수스펙트럼과 정교하게 일치한다. 이런 스펙트럼은 매우 정밀하게 일정한 파장의 빛을 방출하기 때문에, 프라운호퍼가 했던 것처럼 각종 측정 장비의 기준으로 많이 사용된다. 물론 프라운호퍼가 썼던 해의 흡수스펙트럼보다 실험실에서 만든 방출스펙트럼이 훨씬 정밀하다. 해의 흡수스펙트럼은 코로나가 움직이며, 강한 전기장과 자기장의 영향도 받고, 심지어 뒤에 살펴볼 해와 지구의 중력과 움직임에 의한 도플러효과의 영향도 받아서 관측할 때마다 미세하게 달라진다.

방출스펙트럼은 방전관에 넣는 기체에 따라 나오는 색이 달라지는데, 일반적으로 공기는 분홍색, 이산화탄소는 흰색, 네온은 주황색, 아르곤은 보라색, 헬륨은 거의 흰색에 가까운 노란색을 띤다.

스펙트럼은 가시광선 영역 밖의 빛에 대해서도 항상 신경 써야 한다. 일반적으로, 에너지가 가장 낮은 K 껍질 원자궤도와 관련이 있는 라이먼 계열의 분광선은 자외선 영역에서 나타나고, 두 번째로 에너지가 낮은 L 껍질 원자궤도와 관련이 있는 발머 계열의 분광선은 주로 가시광선 영역에서 나타난다. 이 두 계열을 제외한 M, N, O 원자궤도와 관련 있는 파센 계열, 브리킷 계열, 훈트 계열의 분광선은 거의 모두가 적외선 영역에서 나타난다.

여기까지 진행된 스펙트럼 연구는 현대물리학의 두 축 중 하나인 양자역학을 잉태했다. 보어(Niels Bohr)는 선스펙트럼에 대한 문제를 고민하고 있던 어느 날, 경마장에서 말들이 트랙을 따라 달리는 꿈을 꾸었다고 한다. 보어는 이 꿈처럼 전자도 특정한 궤도를 따라 돈다고 생각해서 특정한 에너지에 해당하는 궤도에만 전자가 있을 것이라고 해석했던 것 같다. 그 결과는 수소 스펙트럼을 매우 잘 설명했다. 이로써 스펙트럼선은 원자궤도와 연관된다는 것이 밝혀졌다.

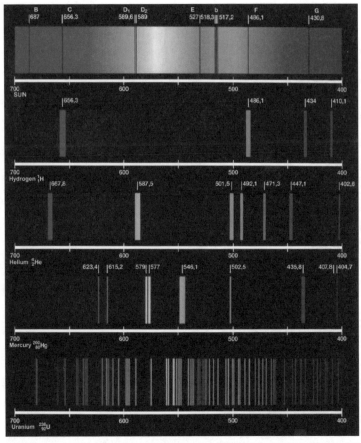

**그림 1-9**    수소, 헬륨, 수은, 우라늄의 방출스펙트럼. 각 원소가 만드는 방출선에 해당하는 해의 흡수선이 강하게 나타난 것도 있고, 전혀 나타나지 않은 것도 있다. 왜 상황에 따라 잘 나타나기도 하고 안 나타나기도 하는지는 아직 밝혀지지 않았다. (출처: GSR)

드 브로이(Louis de Broglie)는 파동으로 여겨지던 빛이 입자의 성질도 갖는다면[11] 입자도 파동의 성질을 가질 것이라 생각하고는 물질파 아

---

11  아인슈타인의 광전효과

이디어를 제안했다. 이후 슈뢰딩거(Erwin Schrödinger)는 드 브로이의 아이디어를 발전시켜서, 원자궤도 안의 전자가 파동의 성질을 가질 때 어떻게 움직이는지에 대한 슈뢰딩거 방정식을 만들었다. 슈뢰딩거 방정식을 보어가 제안했던 수소원자 원자모형에 적용하자, 보어가 추측했던 원자궤도의 불연속적인 에너지를 아주 잘 설명했다. 슈뢰딩거 방정식은 세상이 확률에 의존한다는 걸 말했다. 하지만 아인슈타인은 확률에 의존하는 양자역학을 내켜하지 않았다. 그래서 양자역학으로는 풀 수 없는 수많은 질문을 쏟아내기 시작한다.

디랙(Paul Dirac)은 아인슈타인이 던진 수많은 질문 중에 풀릴 가망이 없어 보이는, 원자 안에 있는 전자의 운동에 대해 고민했다. 그러다가 아인슈타인의 상대성이론이 원자 안의 입자에도 적용되어야 한다는 데까지 생각이 미쳤다. 원자궤도 안에 있는 전자는 무척 빠르게 움직이므로 상대성이론에 따라 질량이 증가할 것이다. 디랙은 슈뢰딩거 방정식에 상대성이론을 반영하여 디랙 방정식을 만든다. 디랙 방정식의 풀이결과는 스펙트럼을 매우 정확히 설명해 주었는데, 해답은 다음과 같이 해석된다.

원자궤도는 기본적으로 보어가 선스펙트럼을 해결하기 위해 도입한 에너지준위에 따라 주양자수가 결정되고, 같은 에너지일 때 각운동량의 차이에 따라 부양자수가 결정된다.[12] 그리고 각 원자궤도의 자기모

---

12 부양자수는 디랙 방정식을 풀 때 수학적 풀이과정에서 필요에 의해 도입된 정수다. (정수일 때만 방정식의 해가 존재한다.)

멘텀에 따라 자기양자수를 갖는다.[13] 여기에 전자가 가질 수 있는 두 개의 스핀(+1/2과 -1/2)까지 포함한 4종류의 양자수로 원자 내의 모든 원자껍질에 들어가는 전자의 물리적 상태가 설명된다. (오늘날에는 디랙 방정식을 화학과 생물학에서 활용하여 화합물이 공유결합, 배위결합, 수소결합 등을 하는 상태를 분석하는 데에 쓰이고 있다.)

스펙트럼에서 출발해 여기까지 발전한 양자역학은 반대로 스펙트럼 연구에 영향을 주게 된다.

별빛을 분광하면 여러 가지 선이 그어진 흡수스펙트럼이나 방출스펙트럼을 얻을 수 있다. 여기에 그어진 선의 간격을 우리가 실험실에서 분광하여 알고 있는 스펙트럼선과 비교하면 별빛이 얼마나 파장 치우침(shift)을 일으키는지 알 수 있다. 보통은 자외선 영역에서 나타나는 분광선이 천체관측을 할 때 가시광선 영역에서 관측되는 경우가 많다. 허블의 법칙에 의하면 천체는 관찰자(보통은 우리)와의 거리가 멀수록 더 빨리 멀어져서 도플러효과에 따라 빨강 치우침이 심하게 일어난다. 심지어 우주 초기의 은하에서 오는 빛은 X선이 빨강이나 적외선으로 관측되기도 한다.

---

**13** 자기양자수 때문에 영구자석이 만들어질 수 있다.

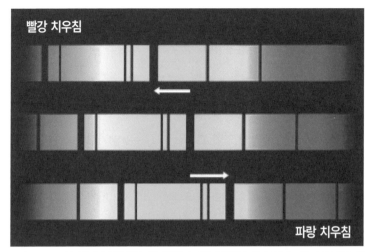

**그림 1-10**　도플러효과에 의한 빨강 치우침(위)과 파랑 치우침(아래). 실제로는 이 그림도 빨강 치우침이 일어난 양과 파랑 치우침이 일어난 양에 따라 흡수선의 간격이 달라져야 한다. 과학자가 아니면 별로 신경쓰지 않는 오류다. (출처: ASTRONOMY 121)

　　우리은하가 속해 있는 처녀자리 은하단의 국부은하군에 속한 은하들은 모두 파랑 치우침을 보이는데, 중력에 의해 점차 가까워지고 있기 때문이다. 이대로라면 우리 은하단은 결국 모두 충돌해서 하나가 될 것이라고 예상할 수 있다. 국부은하군에서 가장 큰 은하인 안드로메다 은하는 24억 년쯤 뒤에 우리은하와 충돌할 것으로 추정된다.

　　이제는 천체관측을 할 때 기본적으로 스펙트럼을 분석한다.[14] 스펙트럼만으로도 많은 정보를 얻을 수 있기 때문이다. 예를 들어 우리은하 밖의 천체는 흡수스펙트럼의 파장 치우침을 측정하여 천체와 지구 사

---

**14** 이제는 천체 사진을 찍어서는 얻을 수 있는 정보가 별로 없다. 그래도 사진을 열심히 찍는 이유는 천문학의 홍보자료로 쓰일 수 있기 때문이다.

이의 거리를 잰다. 이런 연구는 종종 일반상식을 뛰어넘는다. 가장 유명한 예가 Ia형 초신성의 밝기와 빨강 치우침 양을 비교한 결과인 우주의 가속팽창이다.

별이 갖는 자기장의 세기도 알 수 있다. 원자가 강한 자기장 속에 있다고 생각해보자. 원자가 어떤 원소인지에 따라 반응이 약간씩 다르겠지만, 기본적으로는 다음과 같은 현상을 보인다. 강한 자기장 속에 있는 원자는 원자껍질 속 전자의 에너지 상태가 자기양자수에 따라 미세하게 나뉜다. 이렇게 나뉜 원자궤도에 따라 전자의 에너지가 약간씩 달라진다. 이 상태로 전자가 다른 원자궤도로 옮겨가면 각각의 원자궤도에 따라 흡수하고 방출하는 빛이 달라지고, 흡수스펙트럼과 방출스펙트럼도 달라진다. 자기장이 없을 때는 하나이던 스펙트럼선이 자기장이 있을 때는 여러 개로 나뉘는 것이다. 이런 현상을 제이만 효과(Zeeman effect)라고 한다. 별들의 흡수스펙트럼에서도 이렇게 나뉜 선들을 관측할 수 있다. 선들이 나뉜 정도와 물질에 걸린 자기장의 세기는 비례하므로, 우리는 이것으로부터 별의 자기장에 대해 알 수 있다.

천체관측을 할 때 한계도 있다. 도플러효과가 광원과 관찰자가 움직이는 속도의 차이에 의해서만 나타나는 것은 아니다. 따라서 (뒤에서 살펴볼) 허블의 법칙처럼 큰 규모의 연구를 할 때는 쉽게 적용할 수 있지만, 미세한 분석을 할 때는 골치 아픈 요소가 많이 생긴다.

예를 들어, 온도가 낮은 별에서는 수소와 헬륨의 흡수스펙트럼선이 주로 관측되지만, 온도가 높은 별에서는 수소와 헬륨의 흡수스펙트럼선은 약해지고, 탄소, 산소, 칼슘 등 무거운 원소가 만드는 흡수스펙트럼선이 강해져서 스펙트럼선의 개수가 늘어난다. 이런 현상은 별에 대한 많은 정보를 우리에게 준다. 하지만 문제는 '왜 이 현상이 생기는지를 모른다'는 것이다.

## 4. 흑체복사

뉴턴이 프리즘으로 무지개를 만든 이후에, 후대의 학자들은 무지개와 관련된 연구를 지속해서 분광학이라는 분야를 만들었다. 분광학은 빛을 파장별로 분해해서 스펙트럼으로 만들어 연구하는 분야이다. 스펙트럼과 흑체복사를 계속 연구한 결과, 햇빛이 온도가 5777K인 흑체에서 나오는 흑체복사와 유사하다는 것을 알게 됐다. 하늘과 노을에 대해 알려면 우선 이런 햇빛의 특성에 대해 알아야 한다.

흑체복사는 과학이론뿐만 아니라 일상에서도 많이 활용되고 있고, 언론에 나오는 기사나 영화와 드라마를 볼 때도 이해의 폭을 넓혀주는 상식이므로 자세히 알아두면 좋다. 여기서는 뉴턴이 발견한 무지개를 뉴턴이 관찰했던 것보다 한 뼘만 더 깊이 살펴보자.

초기 자연철학자들은 전기와 자기를 따로따로 연구하다가 혼란스러워

했다. 이때 패러데이(Michael Faraday)가 전류와 자기장이 연관된다는 것을 발견하면서 두 분야의 관련성을 탐구했다. 패러데이는 다양한 아이디어와 실험능력으로 수많은 업적을 남겼지만, 정규교육도 제대로 받지 못했던 터라 연구를 체계화하지는 못했다.

맥스웰(James Clerk Maxwell)은 패러데이가 발견했던 다양한 현상과 아이디어를 총정리하여 1861년에 "물리적인 역선에 대해(On Physical Lines of Force)"[15]라는 논문을 발표했다. 맥스웰은 이 이론을 계속 개선하여 빛은 전기장과 자기장이 서로 에너지를 주고받으며 움직이는 전자기파라는 결론을 유도했고, 전하를 가진 입자가 가속되면 방사광(synchrotron radiation)이라는 전자기파가 방출된다는 것도 이론적으로 증명했다.[16]

맥스웰이 전자기학을 총정리하고 있을 때, 다른 여러 학자들은 증기기관의 효율을 높이는 연구를 하여 열역학을 만들었다. 열역학은 물질, 온도, 에너지의 관계를 연구하는 학문이다. 키르히호프(Gustav Robert Kirchhoff)는 19세기 중후반에 전자기학과 열역학을 바탕으로 흑체(Black body)라는 개념을 만든다. 흑체는 외부에서 오는 빛을 하나도 반사하지 않고 모두 흡수하는 이상적인 물체이다.

하지만 빛을 흡수만 하면 흑체 내부에 에너지가 점점 많아져서 온도가 계속 올라가게 될 것이므로, 어떤 형태로든 에너지를 방출해야 한

---

**15** 빛의 속도를 *c*로 표기하는 등 오늘날 물리학 수식에서 쓰이는 관용적 표기가 시작된 역사적인 논문이다.

**16** 오로라가 대표적인 방사광 현상이다. 우주에서 날아온 하전입자가 대기중의 원자와 충돌하여 감속될 때 방출하는 방사광이 오로라다.

**그림 1-11** 일산화탄소(CO)의 발화온도인 609℃보다 더 뜨거운 푸른 불꽃에 달궈진 가스렌인지의 온도감지장치가 흑체복사 이론에 부합하게 붉게 빛나고 있다.

다. 흑체나 현실적인 물체 모두 원자로 이루어져 있으므로,[17] 에너지를 조금이라도 갖고 있으면(영점에너지[18]보다 에너지를 더 많이 갖고 있으면) 원자들은 갖고 있는 에너지에 따라 빛을 방출한다. 온도가 높을수록 물질 안에 들어있는 원자들이 에너지를 더 많이 갖고 있어서 더 활발히 운동하고, 활발히 운동할수록 다른 원자와 수시로 힘을 주고받으며 더 많이 가속되기 때문에 방사광을 더 많이 방출한다. 결국, 쪼이는 빛의 세기가 일정하다면, 흡수하는 빛과 방출하는 빛의 에너지가 같아지는 특정 온도에서 에너지 출입이 안정된다. 이 상태를 열평형 상태라고 부른다. 키르히호프는 이렇게 열평형 상태인 흑체가 방출하는 빛을 연구해 흑체복사 이론을 만든다.

볼츠만(Ludwig Eduard Boltzmann)은 원자론을 기반으로 흑체복사 이론을 발전시켜서 19세기가 끝나갈 때쯤에 통계역학을 만들었다. 통계역학은 매우 많은 수의 대상이 평균적으로 어떻게 행동할 것인지 살펴보는 이론으로, 물체의 특성을 연구할 때 꼭 필요한 이론이다. 그러나 당시는 원자론을 믿는 과학자가 많지 않아서 볼츠만의 통계역학을 신뢰하는 과학자는 드물었다. (원자론은 아인슈타인이 1905년에 브라운 운동을 설명하는 논문 "열 분자운동 이론이 필요한, 정지 상태의 액체 속에 떠 있는 작은 부유입자들의 운동에 관하여(On the Movement of Small Particles Suspended in Stationary Liquids Required by the Molecular-Kinetic Theory of Heat)"를 발표하고, 한참 지난 후 이 이론이 다수의 과

---

**17** 당시에는 원자론을 믿는 과학자가 거의 없었다. 이 해석은 오늘날의 관점이 반영됐다.
**18** 양자역학적 바닥상태의 에너지, 즉 물질이 아무리 온도가 낮아도 갖고 있는 에너지.

학자에 의해 받아들여지고 나서야 주류 학설이 됐다. 말하자면 과학교과서에 나오는 원자론 관련 이론들은 매우 오랫동안 찬밥신세였다.)

흑체는 실제로는 존재할 수 없다. 그래서 과학자들은 실험하기 위해 이론적인 흑체와 비슷한 대상을 찾아 나섰다. 그 결과 안이 검게 칠해진 동공에 뚫린 작은 구멍이 실험대상으로 뽑혔다. 구멍은 동공을 어떤 물질로 만들든지 쪼여지는 모든 빛을 흡수하고, 흑체에서 나올 것으로 예상되는 빛과 특성이 비슷한 빛을 내보낸다. 이 빛은 전체 에너지가 온도의 4제곱에 비례하며, 가장 강하게 방출되는 빛의 파장은 온도에 반비례한다. 스테판-볼츠만의 법칙과 빈의 법칙이다.

흑체가 내보내는 에너지에 대한 이론인 스테판-볼츠만의 법칙은 당시에 손꼽히던 문젯거리 중 하나였다. 에너지가 낮은 빛의 방출량은 잘 설명했지만, 진동수가 매우 큰 빛은 아주 약하게 방출되더라도 그 에너지가 흑체가 방출하는 전체 에너지보다 더 클 것으로 예상되었다. 그러므로 방출하는 에너지 총량은 항상 무한대(∞)로 계산됐다. 이 문제를 자외선 파국(Ultraviolet Catastrophe)이라고 한다.

19세기 말의 과학자들은 시간이 지나면 뉴턴역학과 맥스웰의 전자기학으로 세상의 모든 것을 설명할 수 있다고 확신했다. 자외선 파국 문제도 해결될 것이라고 믿었다. 결과적으로 이 생각이 맞긴 했지만….

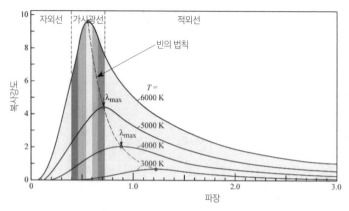

**그림 1-12** 각 온도에 따라 방출되는 흑체복사의 강도 분포. 흑체가 방출하는 복사에서 가장 강한 빛의 색깔로 흑체가 보인다. 가장 강한 빛이 적외선 쪽이면 볼 수 있는 빛 중에서는 빨간색 빛이 가장 강할 것이고, 가장 강한 빛이 자외선 쪽이면 볼 수 있는 빛 중에서는 보라색 빛이 가장 강할 것이므로, 각각 빨간색과 보라색(실제로는 파란색)으로 보일 것이다.

19세기의 마지막 달인 1900년 12월에 양자역학의 첫단추가 꿰어졌다. 매우 오랫동안 플랑크(Max Planck)는 스테판-볼츠만의 법칙에서 자외선 파국 문제를 고민하다가, 빛이 연속적인 파동이 아니라 특정한 에너지 단위의 덩어리로 이뤄졌다고 가정하면 무한대 문제가 생기지 않는다는 걸 알아냈다. 이 아이디어를 양자가설이라고 부른다.

나중에 양자역학이 발전하면서 유도과정에 약간의 문제가 있다는 것이 밝혀졌지만, 당시 연속적인 파동이라고 생각되던 빛을 불연속적인 덩어리인 양자(quantum)라고 생각한 것만으로도 대단한 것이었다. 물론 플랑크 본인조차도 양자가설은 미봉책에 불과하다고 생각했다. 그래서 양자가설이 흑체복사 실험 결과와 잘 맞기는 하지만, 언젠가는 고전역학의 연속 개념으로 흑체복사를 제대로 설명하는 이론이 나올 것이고, 그때까지만 양자 개념을 활용하면 좋겠다는 말로 논문을 마무리했다.

플랑크는 이후에도 실제세계와 잘 맞는 자기의 양자이론과 고전역학 사이에서 고민하는 논문을 계속 발표하였다. 파동과 에너지가 연속적인 흐름이라는 믿음을 버리지 못한 것이다. 그러는 사이 아인슈타인이 광전효과를 양자로 설명하는 이론을 1905년에 발표했고, 보어는 전자가 원자 안에 있을 때는 에너지가 불연속적인 궤도를 가진다는 원자모형 이론을 1912년에 발표했다. 이때가 돼서야 플랑크는 양자가설이 자연의 근본법칙임을 인정했다.

플랑크는 양자역학의 기초를 마련한 업적으로 1918년에 노벨상을 받았다. (1918년이 되기 전에 아인슈타인이 고전이론으로 흑체복사를 완벽하게 설명하는 논문을 발표했다고 한다. 하지만, 그러거나 말거나 물리학계의 분위기는 이미 양자역학으로 넘어간 뒤였다.)

흑체복사 이론은 온도 측정에 많이 쓰인다. 귀체온계나 비접촉식 체온계는 흑체복사 이론을 바탕으로 특정 파장의 빛을 측정하여 온도를 알아낸다. 용광로 속에 녹아있는 철물처럼 매우 뜨거운 물체도 흑체복사 이론으로 온도를 측정한다.

**그림 1-13** 흑체복사와 유사한 백열전구의 발광. 외부에서 쪼이는 빛의 에너지와 비교해서 방출하는 에너지가 매우 클 경우에, 보이는 색깔은 대부분 흑체복사에 따라 결정된다.

물체를 가열하면 온도에 따라 빛깔이 바뀐다. 백열전구의 필라멘트는 온도가 1000~3000℃ 정도이기 때문에 붉은색에서 주황색 정도로 보인다. 난방기구의 전열선은 온도가 더 낮아서 더 붉다.

현재 우주의 온도가 2.725K이라는 이론도 우주배경복사가 2.725K인 흑체가 내보내는 복사광과 비슷하기 때문에 나온 것이다.

별도 온도를 색깔과 연관해 분석할 수도 있다. 앞에서 이야기한 것처럼 해의 온도가 5777K이라는 것도 역시 흑체복사 이론의 그래프와 햇빛 스펙트럼을 비교해서 얻은 결과다. 별의 색과 온도의 관계는 빈의 법칙으로 간단히 연관지을 수 있다. 표면(광구)온도가 3500K보다 낮은 별은 붉게 보이고, 온도가 높아질수록 주황, 노랑, 밝은 노랑, 하양, 하늘색으로 바뀌어 보인다. 표면온도가 5만 K 이상인 별은 파랗게 빛난다.[19]

하지만 이론적인 흑체복사 그래프와 실제 별의 스펙트럼은 꽤 다르다. 온도가 각기 다른 별 내부의 여러 층에서 방출되는 빛이 섞여 있고, 그마저도 별의 대기를 통과하면서 원인 모를 왜곡이 일어난다. 게다가 별도 보통 물체처럼 표면에서 반사 같은 다양한 반응이 일어나는 것을 고려해야 한다. 짝별은 서로 방출한 빛을 반사하기도 하고, 모양도 일그러지는 등의 효과가 생긴다.

---

**19** 표면온도가 5만 K인 별은 아직까지 관측된 적이 없다. 다만 이론에 의하면 이런 별도 존재할 가능성이 있으며, 이런 별이라면 파랗게 보일 것이라 예상된다. (온도가 5만 K보다 훨씬 더 높은 백색왜성이나 중성자별은 많이 관찰되는데, 이것들은 온도가 워낙 높아서 빈의 법칙에 따라 가시광선 영역은 가장 강하게 방출하는 빛 영역에서 매우 많이 벗어나 있다. 그래서 모든 가시광선은 거의 비슷하게 포함되므로, 하얗게 보인다.)

1장의 시작 부분에서 우리는 빛이 무엇이며, 어떻게 전파되는지 살펴봤다. 사실 이 부분은 이 책뿐만 아니라, 물리학 전체에서 가장 어려운 이야기이다. 물리학 전공자가 아니라면 이해하기가 쉽지는 않을 것이다.

이후에는 물리학자들이 빛을 활용하는 방법인 스펙트럼과 흑체복사에 대해 살펴봤다. 빛과 물질이 상호작용하는 방법을 알려주는 실험과 이론이다. 이 중에 스펙트럼은 물리학자들이 연구하는 과정에서 등장하는 현상으로, 일상생활에서 쓸 일은 거의 없다. 그냥 그런 것이 있다는 것만 알아둬도 충분하다. 흑체복사는 우리 주변에서 일어나는 걸 수시로 볼 수 있는 현상이다. 수식으로 뭔가를 계산하는 건 매우 어렵겠지만, 대체적으로 온도가 올라갈 때와 내려갈 때 어떻게 변한다는 정도만 알아둬도 충분히 유용할 것이다. 하지만 앞으로 점점 더 많이 쏟아질 과학 뉴스와 영상을 이해하는 데는 스펙트럼과 관련된 지식이 흑체복사와 관련된 지식보다 더 유용할지도 모른다.

# 2장

# 우리가 색을
# 인식하는 방법

하늘이 푸르고, 노을이 붉은 이유를 이야기하려면, 우리가 어떻게 색깔을 인식하는 것인지도 고려해야 한다. 간단하게 설명하면 이렇다.

우리 망막은 3가지 원추세포(원뿔세포)를 통해 빛을 감지한다. 앞에서 살펴보았던 광전효과와 비슷한 방식으로 원추세포 안에 있는 특정한 색소 단백질이 빛과 반응하여 전기신호를 내보내는 것이다. 원추세포가 내보낸 전기신호는 시신경을 통해 뇌로 전달된다. 뇌는 그 신호를 해석하는 과정을 거쳐 피사체를 인지한다. 이때 뇌가 해석하는 방법은 여러 가지가 있는데, 기초적인 부분은 어렸을 때 뇌신경이 성장하면서 자리 잡을 때 형성되는 시냅스 회로에 따른다.[1] 그러나 큰 범주의 해석

---

[1] 태어날 때부터 시각에 장애가 있던 사람을 대략 여섯 살 이후에 치료하면 눈이 기능적으로 정상이더라도 시력이 정상인과 달라서 혼합된 색채 속에 특징을 파악한다거나 글씨를 읽는 것 같은 높은 수준의 해석은 잘하지 못한다.

은 성인이 된 뒤의 학습 등에 의해서 바뀔 수도 있다.[2]

이 장에서는 이런 점들에 대해 살펴볼 것이다. 하나하나 따져보면, 우리 눈이 노을을 곱게 보도록 진화해온 게 아닐까 하는 생각마저 든다. 그러나 칼 세이건이 『콘택트』에서 외계인의 입을 통해 인간은 인간에 대해 아는 게 거의 없다고 언급한 바 있듯이, 이 글을 쓰는 나 역시 우리 자신이 어떻게 보는 것인지 그 세부적 과정은 솔직히 잘 모르겠다.

## 1. 흡수와 편광

시각세포는 기본적으로 빛을 흡수하고, 그 에너지를 전기신호로 바꾼다. 따라서 흡수는 시각에서 매우 중요한 현상이다.

흡수는 빛이 물질과 만났을 때 물질 내부의 전자와 상호작용하며 사라지고, 물질의 내부에너지가 (온도 등의 형태로) 높아지는 현상을 말한다. 스펙트럼을 설명할 때 이미 말했듯이, 전자가 원자에 구속되어 있을 때에는 특정한 에너지의 빛하고만 반응한다.[3] 그러나 특정 원자에 구속되지 않은 전자가 있을 경우에는 에너지 크기와 상관없이 모든 빛과 반응할 수 있다. 이런 것은 플라즈마와 자유전자가 있다.

---

**2**  거울을 통해 반전된 상만 계속 보게 만들면, 며칠 뒤에는 반전된 상에 적응해서 똑바로 보게 된다. (참고: 『새의 감각』, 팀 버케드, 노승영 옮김, 에이도스, 38쪽)

**3**  에너지가 매우 큰 γ선, x선 같은 빛은 입자의 성질이 강해서 전자가 원자 안에서 어떤 상태로 있는지와 상관없이 막무가내로 반응하여 물질의 상태를 불규칙하게 변화시키기도 한다. 이 반응은 비선형반응이다.

플라즈마는 물질의 에너지가 높아서 전자와 원자핵이 서로 구속하지 못하는 물질상태를 말한다. 켜진 형광등 내부나 별이 플라즈마이며, 초기 우주도 플라즈마였다.[4]

금속은 최외각전자의 에너지준위가 높고, 이웃원자 사이의 에너지장벽은 낮은 편이어서, 결정을 이룬 이웃원자끼리의 최외각전자가 섞여 있는 상태가 된다. 따라서 최외각전자들이 어떤 구속도 없이 금속 안을 이리저리 움직여 다닌다. 이렇게 움직이는 전자를 자유전자라고 한다.

자유전자는 단체 외부에 있는 전자와 비교해서 위치에너지가 약간 낮다. 이 차이를 일함수라고 부른다. 금속으로부터 자유전자를 떼어내려면 적어도 일함수만큼 에너지를 가해줘야 한다. 이렇게 자유전자가 일함수보다 큰 에너지를 갖는 빛을 받아 떨어져 나오는 현상을 광전효과라고 한다. 아인슈타인이 노벨상을 받게 만든 바로 그 현상 말이다. 원래 자유전자를 갖고 있는 물질은 대부분 금속이지만, 흑연이나 풀러렌 같은 탄소 동소체,[5] 플라스틱 같은 비금속인 물질도 있다.

자유전자도 원래는 특정 원자에 구속된 전자처럼 특정한 에너지의 빛하고만 반응해야 한다. 양자역학에서 전자는 에너지준위가 같은 궤

---

**4** 우주 전체가 플라즈마였던 때에는 우주배경복사가 전파되지 못하고 흡수됐다. 그래서 지금은 빛을 관측해서는 이때의 정보는 아무것도 얻을 수 없다. 우주가 생긴 뒤 38만 년이 지날 무렵 우주의 에너지가 낮아져서 양성자와 전자가 뭉쳐서 원자가 될 수 있었다. 전 우주에서 플라즈마가 사라지고 암흑시대(Dark age)가 되었다.

**5** 동소체란 한 가지 원자가 이루는 여러 가지 형태의 결정이다. 탄소 동소체는 형태가 매우 다양하다. 그을음처럼 무정형인 상태나 다이아몬드처럼 자유전자가 없는 상태인 동소체도 있고, 흑연, 풀러렌, 탄소 나노튜브처럼 자유전자를 갖는 동소체도 있다. 자유전자를 갖는 탄소 동소체는 대부분이 저온에서 초전도 현상을 일으킨다.

도에 두 개만 위치할 수 있으므로, 자유전자의 에너지준위도 최외각전자를 공유하는 전체 덩어리 규모에서 나누어진다. 하지만 금속은 매우 작은 조각이더라도 그 안에 포함된 원자의 개수가 매우 많다. 또 최외각전자의 에너지준위가 비금속원자 최외각전자의 에너지준위보다 훨씬 높다 보니 쉽게 금속 밖으로 튀어나갈 수 있다. 그래서 사실상 일함수보다 에너지가 큰 모든 빛과 어떤 형태로든 반응한다. 금속광택이라는 금속의 특성이 이렇게 만들어진다.

물론 나노입자는 포함하는 원자가 몇 개 안 되므로 자유전자의 에너지준위도 몇 개 안 된다. 같은 원자로 이뤄져 있더라도, 나노입자일 때와 금속 상태의 단체일 때에 색이 다른 이유다.

●

이제 편광에 대해 알아보자. 원래 편광은 사람의 시각과는 연관이 없으므로, 엄밀히 이야기하면 딱히 설명을 하지 않아도, 또 굳이 찾아서 읽어보지 않아도 큰 문제는 없다. 하지만 빛에 대한 이해를 높인다는 의미에서 이야기하고자 한다.

물질 중에는 전자가 특정 방향으로만 진동할 수 있어서 그 방향으로 진동하는 빛은 모두 흡수하고, 다른 방향으로 진동하는 빛[6]은 통과

---

**6**  빛이 진동한다는 개념이 쓰이면 빛은 광파 개념으로 쓰이는 것이며, 무조건 전기장과 관련된다. 여기에서 진동하는 방향은 전기장의 방향을 뜻한다.

시키는 종류가 있다. 이런 물질을 편광물질이라 한다. 편광은 반사, 산란 등의 광학현상이 일어날 때도 특정 방향의 진동면이 더 강해지는 형태로 일어난다.

예를 들어 금속을 가늘고 길게 만들어 규칙적으로 배열한 물질을 생각해보자. 금속의 긴 방향과 같은 방향으로 전기장이 진동하는 빛은 전기장이 금속 안의 자유전자를 진동시키면서 흡수된다. 금속이 긴 방향과 전기장이 수직으로 진동하는 빛만 통과하는 것이다.[7]

얼룩말이 얼룩무늬를 갖는 이유는 아주 오래전부터 제기된 진화론의 중요한 문제다. 햇볕에 의해 몸이 가열되는 것을 막는다는 설부터 여럿이 뭉쳐서 도망가면 포식자인 사자가 시각적으로 혼란스러워 사냥 목표를 특정하지 못하기 때문에 살아남을 확률이 높다는 설 등이 제기됐다. 최근에는 흡혈파리인 체체파리가 얼룩무늬에는 잘 가지 않는다는 주장이 제기됐다. 이 연구는 이후에 얼룩말의 검은색 털이 편광을 일으키는데, 이것 때문에 체체파리가 얼룩말에게 날아가지 못한다

---

**7** 편광에 대한 설명도를 보면 편광판을 통과한 빛의 전기장이 편광판에 그려진 직선과 같은 방향인 것도 있고, 수직 방향인 것도 있다. 전자의 진동면 방향으로 직선을 그은 경우도 있고, 전자의 진동방향에 수직으로 정의한다는 편광격자 작도법에 맞춰서 직선을 그은 경우도 있기 때문이다. 따라서 그림을 그리고, 볼 때 어떤 방법을 사용한 것인지 잘 확인할 필요가 있다. 영미권에서는 무조건 편광격자 작도법에 맞춰서 설명도를 그린다.

는 이론으로 발전했다.

편광을 보는 동물은 새, 파충류, 어류 등 많이 있다. 특히 햇빛이 수면을 통과할 때 편광이 일어나므로, 물속에 사는 동물은 거의 모두가 편광을 볼 수 있을 것이다.

예전에 깡충거미를 촬영하는데, 깡충거미가 자꾸 카메라를 의식하는 것이 느껴졌다. 때로는 카메라 위로 뛰어오르기도 했다. 그러다 우연히 투명한 유리를 통해서 거미를 찍었는데, 그때만큼은 깡충거미가 카메라를 의식하지 않았다. 이유는 모르겠지만, 아마도 깡충거미가 투명유리의 편광 때문에 카메라를 보지 못해서 벌어진 일인 것 같다. 깡충거미는 두 개의 주눈을 제외한 나머지 눈으로 편광을 인식해 천적의 접근을 감지한다고 알려져 있다.

사람도 편광의 영향을 조금은 받는 것으로 보인다. 예를 들어, 나는 언젠가부터 난시가 생겼다. 그런데 그 이후부터 반사된 빛이 좀 더 눈부시다는 걸 발견했다. 난시를 진단할 때 방향도 특정해서 알려주기에, 여러 가지 상황에서 머리 각도를 바꿔가며 관찰해 봤는데, 각도에 따라 편광된 대상이 달리 보였다.

●

빛의 진동면이 일정하지 않고 회전하는 편광도 있다. 이런 편광을 타원편광이라고 한다. (타원편광 중에 진동면의 세기가 방향에 의존하지 않고 일정한 경우를 원편광이라고 한다.) 주로 광학이성질체인 화합물에서 나타난다. 진동면은 시계방향과 반시계방향의 두 방향으로 돌 수 있으므로, 광학이성질체 화합물도 두 가지로 나뉜다. (타원편광은 활용되는 경우가 거의 없으므로, 이런 현상이 있다는 정도만 알아두자.)

편광은 매우 많이 활용된다. 예를 들어 보석 감정을 할 때 편광을 보는 것은 매우 중요한 관찰방법이다. 하지만, 대부분은 산업이나 연구 측면에서 쓰일 뿐이고, 일상생활과는 거리가 멀다.

늘 접할 수 있는 편광 현상으로는 액정이 있다. 액정(liquid crystal)은 액체와 고체의 중간 정도 되는 특성을 갖는 물질로, 3차원 중에 한두 차원의 방향은 고체처럼 규칙적으로 배열되고, 나머지 방향은 액체처럼 배열되는 규칙이 없다. 액정 중에는 전기장이 가해졌을 때 분자의 배열을 바꾸고, 배열이 바뀌면 액정 안을 지나는 빛의 진동면 방향을 돌리는 종류가 있다. 반대로 전기장이 가해지지 않았을 때 진동면을 돌리고, 전기장이 가해지면 진동면을 돌리지 않는 액정도 있다. (빛의 진동면 방향이 액정 안에서는 돌아가더라도, 액정을 벗어나면 돌지 않으므로 타원편광과는 다르다.) 따라서 두 직선편광판 사이에 액정을 놓고, 두 편광판의 각도를 적절히 조절하면 투명하게 만들 수 있다. 그 뒤에 액정에 전기장을 가하면 액정을 통과하는 빛은 진동면이 바뀌므로, 첫 번째 편광판을 통과한 빛은 두 번째 편광판을 통과하지 못한다. 이 특성을 광학활성(optical activity)이나 편광 회전이라고 한다. 이 특성을 활용해서 액정에 걸린 전기장을 조절하여 화면을 표시하는 영상기기를 LCD(liquid crystal display)라고 한다. 요즘에는 건물이나 비행기 유리창의 투과율을 자동으로 조절하는 차광용 장치로도 사용되고 있다. 건전지로도 작동될 만큼 전력을 적게 쓰는 데도 냉난방에도 큰 도움을 주기 때문에 활용성이 높다. 광학이성질체를 찾거나 농도를 측정하는 데도 쓰인다.

## 2. 우리는 색을 어떻게 인식할까?

우리 눈의 망막에는 3종류의 원추세포(Cone cell)와 1종류의 간상세포(Rod cell) 이렇게 모두 4종류의 시세포가 있다. 시세포는 동물에 따라 갖고 있는 종류가 다르다. 종류에 따라 감지할 수 있는 빛의 파장과 민감도가 다르기 때문에, 어떤 시세포를 갖고 있느냐를 알면 어떤 생활을 하는 동물인지도 알 수 있다.

### 간상세포

간상세포는 밝을 때는 과반응을 하여 아무런 신호도 내보내지 못하고, 어두울 때만 빛에 반응하여 신호를 내보내는 시신경세포다.

사람의 간상세포는 사람이 볼 수 있는 빛 중 빨간빛을 제외한 모든 가시광선의 세기를 감지하며, 파장 4980Å(Å: $10^{-10}$m인 길이의 단위)의 빛에

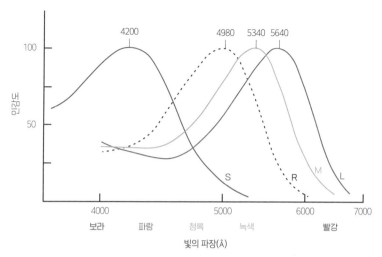

**그림 2-1**  망막에 있는 4종류의 시세포는 가장 민감하게 반응하는 빛의 파장이 각기 다르다.
(출처: wikimedia.org)

가장 민감하다.

파인만은 심심풀이로 계산해서 빛알 3~4개면 시각세포가 반응할 것 이라고 말한 적이 있다. 실제로는 별빛이 비췄을 때 물체가 반사하는 정도인 10개 정도의 빛알이 0.1초 이내에 비추면 반응하기 시작한다. 거기다가 간상세포는 종류가 하나뿐이기 때문에, 간상세포만 반응하는 어두운 환경에서는 색깔을 구분하지 못하고 흑백으로 본다.

이런 이유로 어두운 시간이 긴 극지방에 사는 순록, 물속에 사는 동물, 땅속에 사는 동물, 늑대 같은 야행성 동물은 간상세포를 더 많이 갖고 있다.

## 원추세포

원추세포는 갖고 있는 색소가 빛과 반응하면 전기신호로 내보내는 시신경세포다. 갖고 있는 색소 종류는 여러 가지인데, 색소 종류에 따라 반응하는 빛의 파장에 대한 민감도가 다르다. 이 차이를 이용해서 색을 본다. 따라서 원추세포에 있는 색소의 종류와 민감도에 따라 시각이 결정된다.

척추동물은 진화 초기의 무악류부터 양서류 이전까지는 2~3종류의 원추세포를 갖고 있었다. 양서류는 2종류의 원추세포를 갖고 있다. 양서류에서 진화한 원시파충류는 4종류의 원추세포를 갖고 있었고, 원시파충류에서 진화한 파충류, 석형류(공룡과 새), 원시포유류도 4가지 원추세포를 가지고 있었을 것으로 추정된다.[8] 실제로 공룡에서 진화한 새는 4종류의 원추세포를 갖고 있고, 기름방울도 갖고 있다. 기름방울은 원추세포 안에 있는 색소에 동공 쪽으로 붙어 있다. 유색 기름방울은 특정한 색의 빛만 통과시켜서 원추세포가 특정한 종류의 빛에 더 민감하게 반응하도록 만든다. 투명한 기름방울은 편광을 보는 데 영향을 미치는 것으로 추정된다. 카메라 렌즈에 필터를 끼우는 것과 비슷하다.

공룡의 등쌀에 떠밀려 어두컴컴한 땅굴 속에 살며 밤에만 돌아다니던 중생대의 포유류는 2종류의 원추세포를 갖도록 진화했다. 굴은 어둡기 때문에 시각의 중요성이 낮았고, 특히 낮에만 있는 자외선을 감지하는 원추세포는 덜 필요했을 것이다. 거기다가 망막의 기름방울도

---

**8**  석형류, 원시포유류는 원시파충류가 아니라 양서류에서 각기 진화한 것일 가능성도 있다고 한다.

퇴화시켰다.[9] 수정체를 구성하는 단백질도 3800Å보다 짧은 파장의 자외선은 흡수하는 종류로 바뀌었다.[10] 색깔을 볼 필요가 적어져서 에너지를 많이 쓰는 원추세포를 퇴화시키고, 대신 명암에 더 민감하도록 진화했다고 볼 수 있다.

하지만 포유류는 K-Pg 대사멸(백악기-팔레오기 멸종) 이후 주류로 등장하여 주행성 동물로 변했고, 그중 영장류는 나무 열매를 따먹으며 후각보다 시각에 더 크게 의존하게 됐다. 그러자 잘 익은 나무 열매를 더 잘구분하기 위해서인지 원추세포가 3종류로 늘어났다. 사람도 다른 영장류처럼 3종류의 원추세포를 갖고 있다. 사람이 갖고 있는 원추세포의특징은 아래 표와 같다.

| 이름 | 유형 | 민감한 빛의 파장 | 유전자 위치 |
|------|------|------------------|-------------|
| 적원추세포 | L형 | 5640Å | X염색체 |
| 녹원추세포 | M형 | 5340Å | X염색체 |
| 청원추세포 | S형 | 4200Å | 7번 염색체 |

적원추세포와 녹원추세포가 갖고 있는 색소는 구성하는 아미노산이 3개밖에 차이가 나지 않는다. 유전자가 X염색체에 위치한다는 점

---

**9** 김도현, 『동물의 눈』, 나라원, 2015, 178쪽.

**10** 그래서 자외선에 많이 노출되는 용접공 같은 사람은 수정체 단백질이 파괴되어 백내장에 걸리기 쉽다. 백내장 수술을 해서 인공수정체를 이식한 환자는 자외선을 볼 수 있게되기도 한다.

도 같은 것으로 보아 하나의 유전자가 중복하여 복사된 뒤, 돌연변이가 일어나면서 두 종류가 된 것으로 보인다. (구대륙의 원숭이목에서 나타난 진화적 특징이다.) 재미있는 점은 이 두 원추세포가 망막에 들어있는 양이 사람마다 다르다는 것이다. 사람마다 색깔에 민감한 정도가 다른 이유가 이 때문인 것 같다. 다만, 청원추세포는 누구나 전체 원추세포의 2퍼센트 정도만 갖고 있다.

원추세포가 시신경을 통해 뇌로 신호를 전달하는 기작이 재미있다. 원추세포에는 백색 신호와 색깔 신호를 전달하는 두 가지 신경이 모두 연결돼 있어서, 간상세포처럼 단순하게 빛을 받았다는 백색 신호를 보낼 수도 있고, 어떤 색깔의 빛을 받았다는 색깔 신호를 보낼 수도 있다. 주변의 원추세포와 다른 색깔의 빛을 받은 원추세포는 색깔 신호를 내보내고, 같은 색깔의 빛을 받은 원추세포는 백색 신호를 내보내는 것이다. 결국 원추세포가 내보내는 신호의 3분의 2 정도는 백색 신호이다. 우리 뇌는 백색 신호를 받은 부분은 주위 원추세포의 색깔과 같은 색깔로 채우는 것으로 보인다. 이런 방법을 쓰는 이유는 감지한 색깔 정보를 뇌로 전달하고, 그 신호를 뇌에서 처리하는 데 소비하는 시간과 에너지를 절약하기 위해서일 것이다. 백색 신호를 보내는 시신경이 색깔 신호를 보내는 시신경보다 에너지를 덜 쓰기도 하고, 뇌에서 시각정보를 처리하기도 쉬워서 피로를 최소화할 수도 있기 때문이다. (색깔이 매우 서서히 변하는 영역을 바라볼 때 착시가 일어나는 단점이 생기기도 한다.)

## 3. 특이한 시각을 갖는 사람들

사람은 보통 3가지 원추세포를 갖고 있다. 이런 시각을 삼색각이라 하고, 삼색각을 갖는 사람을 삼색자(Trichromat)라고 한다. 대다수의 사람들이 여기에 속한다.

일부 사람은 원추세포를 두 종류만 가지는데, 보통은 한 가지 색을 보지 못한다. 이런 사람을 색맹(色盲)이라고 한다. 여기에서 생각해볼 문제가 하나 있다. 유인원은 색맹인 개체가 전체적으로 줄어들고 있다. 색맹은 잘 익은 열매를 보지 못해 먹이를 먹기 힘들기 때문에 진화적 관점에서 줄어드는 게 당연한 결과이다. 그러나 사람은 색맹의 비율이 유인원보다 높고, 심지어 점점 더 높아지고 있다. 어떻게 된 일일까? 이에 대한 대표적인 두 가지 설을 살펴보자.

첫째, 사람은 문명화되면서 점차 색을 민감하게 볼 필요성이 줄어들었다. 색을 민감하게 볼 필요성이 줄어들면, 색맹의 단점이 줄어들 것이므로 충분히 납득이 간다. 하지만 인류가 문명을 만든 시간은 진화적 시간 척도로는 극히 최근이므로 진화와는 큰 상관이 없어 보인다.

둘째, 문명사회가 되기 전에도 색맹은 어느 정도 장점이 있었다. 예를 들어, 한 가지 색을 보지 못하는 이색자(dichromat)는 삼색자와 색깔을 완전히 다르게 본다. 그리하여 식물의 녹색 사이에 숨어있는 맹수를 삼색자보다 더 잘 찾는다. 초원에서 생활하기 시작한 뒤부터는 생존력이 좋았을 테니 비율이 어느 정도 늘어나는 게 자연스럽다. 이런 장점은 오늘날에도 활용된 적이 있다. 전쟁터에서는 이색자가 삼색자보다 위장하고 숨어있는 저격병을 더 잘 찾아낸다고 한다. 여기서 중요한 점은, 삼색자와 이색자가 각자 살아가는 것보다 함께 살아가며 서로의 강점을 활용할 때 양쪽 모두 생존력이 높아진다는 점이다.

색맹과 비슷한 색약도 있다. 색약은 원추세포의 색소를 만드는 유전자에 돌연변이가 일어나서 특정한 색을 잘 보지 못한다. 7번 염색체 위에 있는 청원추세포 유전자에 돌연변이가 있는 사람은 별로 없어서 청색약인 사람은 매우 드물다고 한다. 그러나 X염색체에 있는 적원추세포와 녹원추세포 유전자는 상대적으로 돌연변이를 갖는 경우가 많아서, 적색약과 녹색약인 사람이 많다. 또한 성염색체 위에 있는 유전자가 일으키기 때문에, 이런 사람은 여자보다 남자가 훨씬 많다.

적원추세포 돌연변이에 대해 생각해보자. 적원추세포와 녹원추세포의 유전자가 X염색체에 있듯이, 돌연변이 적원추세포의 유전자도 X염색체 위에 있다. 여성은 X염색체를 두 개 갖고 있어서 기본적으로 7번 염색체 위에 있는 2개의 청원추세포까지 모두 6개의 원추세포 유전자를 가진다. 우선 7번 염색체에 청원추세포 유전자 2개를 가진다. 녹원추세포 유전자는 X염색체 위에 꼭 하나씩 위치하므로 2개를 가진다. 나머지 2개는 적원추세포 유전자와 돌연변이 원추세포 유전자 중 한두 가지를 가질 것이다. 여성 대다수는 적원추세포 유전자를 한 쌍 가질 것이다. 하지만 여성 중 1퍼센트 정도는 적원추세포 유전자와 돌연변이 적원추세포 유전자를 하나씩 가져서 모두 4종류의 원추세포 유전자를 갖는다. 물론 4종류의 원추세포 유전자를 갖더라도 보는 것은 삼색자와 똑같다.

그렇다면 적원추세포를 만드는 유전자 없이 녹원추세포와 돌연변이 적원추세포를 갖는 X염색체를 한 쌍 갖는 사람, 또는 이런 X염색체를 갖는 남자는 어떤 시각을 가질까? 돌연변이 적원추세포는 적원추세포와 녹원추세포의 중간쯤인 주황색 끼가 있는 노란색에 가장 민감하게 반응하기 때문에 녹원추세포와 비슷하게 빛에 반응한다. 그래서 빨간색을 잘 보지 못한다. 명확하게 구분되는 빨간색은 보지만, 복잡한 패턴 속에서 슬쩍슬쩍 나타나는 빨간색은 못 보는 적녹색약이다.

색맹이나 색약보다 좀 더 심각한 사례로, 한 가지 원추세포만 갖는 사람도 있다. 이런 사람은 세상을 흑백으로 본다. 색깔 정보를 비교할 대상이 없기 때문이다. 흑백으로 본다는 측면만 생각하면, (간상세포를 설명할 때 이미 말했던 것처럼) 밤에 간상세포만 기능할 때 흑백으로 보며, 원추세포가 아예 없는 사람도 흑백으로 본다. 그러나 똑같이 흑백으로 보더라도, 이 두 경우와 비교해서 원추세포를 한 종류 갖고 있는 사람이 더 선명하게 본다. 간상세포가 분해능이 나쁜 기능적 한계를 갖고 있기 때문이다.

4종류의 원추세포를 갖는 사람 중에 색을 더 민감하게 보는 사람이 있다. 이런 사람을 사색자(tetrachromat)라고 부른다. 현재까지 밝혀진 사색자는 두 명뿐인데, 한 명은 정보가 비공개이고, 다른 한 명은 콘세타 안티코(Concetta antico)라는 화가이다. (콘세타 안티코 씨는 딸이 있는데, 이론대로 적녹색약이라고 한다.[11]) 현재로서는 사색자가 흔하지도 않고, 실험자가 사색자인 경우가 아직 없었기 때문에 실험이 너무 어려워서, 명료하게 밝혀진 게 별로 없다. 그래서 4종류의 원추세포 유전자를 가진 사람은 여성 중 1퍼센트 정도로 많은데, 왜 사색자는 별로 없는지 같은 문제를 해결하지 못하고 있다. (유달리 색상에 민감한 여성들이 있는데, 이 사람들이 사색자가 아닐까 추측하는 정도에 머물고 있다.)

## 4. 뇌는 색깔을 어떻게 인식할까?

어렸을 때 어머니께서 참외를 따오라며 밭으로 심부름을 보내신 적이 있었다. 누나와 함께 밭에 도착했을 때, 하늘에는 거대한 구름 덩어리 십수 개가 붉게 물들어 있었고, 길바닥마저도 발강이 죽 깔려 있었다. 사방이 알록달록해지자 즐거운 기분으로 맛있어 보이는 참외를 열심히 땄다. 계절이 계절인지라 잘 익은 참외가 유난히 많았다.

참외를 잔뜩 따가지고 집으로 왔는데, 먹지 못할 걸 땄다고 어머니께 혼이 났다. 분명히 잘 익은 것들만 골라 땄는데, 집에 도착해서 보니 모두 익기 직전에 하얗게 변한 참외였다. 어머니는 한번은 경험해야

---

**11** 아버지가 적녹색약이기 때문에 엄마인 콘세타 안티코 씨와 아버지한테 돌연변이 적원추세포 유전자를 하나씩 물려받았다. 자세한 내용은 작가의 홈페이지(https://concettaantico.com/)나 유튜브 채널 참조.

알 수 있는 거라 말씀하시고는 여물다 만 참외를 보며 아쉬워하셨다.

이제는 시골에 살아도 참외를 따러 갔다가 설익은 걸 따오는 잘못을 저지를 가능성은 많지 않다. 고운 노을이 드는 경우가 별로 없기 때문이다. 덕분에 아이들 실수가 줄겠지만, 그래도 아쉽다. 다시 유럽처럼 고운 노을을 수시로 볼 수 있으면 좋겠다. 그래서 나처럼 참외를 잘못 땄다고 혼나는 아이들이 많았으면….

재미있게도, 이후로는 노을 아래에서 참외를 봐도 하얀 것과 노란 것을 구분할 수 있었다. 어머니 말씀이 맞았다. 아니, 눈은 분명히 똑같이 볼 텐데, 도대체 왜 익은 건 노랗게, 덜 익은 건 하얗게 보이는 것일까?

똑같은 것인데 환경에 따라 다르게 보이는 경우도 있으며, 여러 명이 동시에 봐도 사람마다 다른 색으로 보는 경우도 있다.


## 조명에 따라 달리 보이는 색깔

어떤 파장의 빛알들이 망막에 도착했다고 하자. 이 빛알은 자극하는 정도만 다를 뿐 3가지 원추세포를 동시에 자극한다. 뇌는 모든 시각세포가 보내온 신호를 모두 받아들여 분석한 뒤에 색깔을 인식한다.

한 가지 사고실험을 해보자. 나트륨등(유리관에 필라멘트와 소듐(Na) 증기를 넣어 노랗게 빛나도록 만든 전구)이 방출하는 빛을 n빛알이라고 하자. n빛알은 적원추세포를 80퍼센트, 녹원추세포를 80퍼센트, 청원추세포를 10퍼센트만큼 자극해 노랗게 보인다. 이런 반응을 [80, 80, 10]으로 쓰기로 하자. 반면 모든 빛을 흡수하고 n빛알만 반사하는 물체 N이 있다. 나트륨등 아래에 물체 N을 놓고 보면 [80, 80, 10]이다. 뇌는 자기가 갖고 있는 색수표에서 이 비율을 찾아서 물체 N을 노랗게 인식한다.

이번에는 n빛알과는 다른 a빛알과 b빛알만 내보내는 조명 ab와 이 빛알들만 반사하는 물체 AB가 있다고 하자. a빛알은 [50, 20, 5], b빛알은 [30, 60, 5]라면, 이 빛알들을 동시에 보면 [80, 80, 10]일 것이다. 조명 ab로 물체 AB를 비추면 [80, 80, 10]일 것이다. 즉, 우리 뇌는 물체 AB를 물체 N과 같이 노랗게 본다. 여기까지는 지극히 자연스럽다.

여기서 문제가 시작된다. 만약 물체 AB를 나트륨등 아래에 두고 보면 어떻게 될까? 나트륨등은 n빛알만 방출하고, a빛알과 b빛알은 내지 않는다. 따라서 물체 AB는 아무런 빛도 반사하지 않고, 당연히 검게 보인다. 반대로 물체 N을 조명 ab 아래에서 볼 경우에도 역시 아무런 빛도 반사하지 않아서 검게 보인다. 이런 경우는 실제로도 많으며, 어지간하면 조명이 바뀌면 색깔도 바뀌어 보인다.

고급물감은 이런 문제를 해결하기 위해 여러 물질을 조합해서 하나의 색을 만든다. 노랑에 해당하는 물감을 만들기 위해서 위에서 말한 n, a, b 빛알을 모두 반사하도록 만드는 방식이다. (촬영장비는 이 문제를 해결하기 위해 색온도 기능을 만들었다.)

여기에서 꼭 알아둬야 하는 한 가지가 있다. 다른 파장의 빛을 어떻게 섞더라도 원추세포 반응 비율을 같게 만들 수 없는 특정한 단일파장의 빛이 있다. 당연히 이런 색은 원추세포의 종류에 따라 정해지며, 삼색각을 갖는 보통 사람의 경우 빨강, 초록, 파랑의 3가지이다. 우리는 이 세 색을 '빛의 3원색'이라고 부른다. 물감도 마찬가지여서 노랑, 청록, 자홍은 다른 색깔의 물감을 섞어서는 만들 수 없다. 이 색들을 '색상의 3원색'이라고 부른다. (이런 이유로 위의 나트륨등 이야기는 빛이 아닌 물감으로 바꾸면 불가능한 이야기가 되고 만다.)

## 색공간

원추세포는 빛을 받을 때 여러 단계, 대략 100단계로 다르게 흥분할 수 있다. 따라서 단순히 산술적으로 생각하면, 원추세포를 2종류 갖고 있는 이색자는 1만 가지, 3종류 갖고 있는 삼색자는 100만 가지, 4종류 갖고 있는 사색자는 1억 가지 색깔을 볼 수 있다.

사람들은 볼 수 있는 단계를 활용해서 컴퓨터에서 색깔 정보를 저장하는 기준을 만들었다. 이것을 색공간이라고 부른다. 초기에 만들어졌고, 지금도 가장 많이 쓰이고 있는 색공간은 sRGB 규격이다. 1픽셀을 24비트로 저장한다. 이는 한 화소가 나타낼 수 있는 2의 24제곱인 1677만 종류로 구분돼 보일 수 있다는 걸 말해준다. 이렇게 1픽셀을 24비트로 저장하는 것은 사람 눈으로 구별할 수 있는 한계를 측정하여 기계적으로 배분했기 때문이다. 실제로는 이렇게 기계적으로 배분한 것과 우리 눈이 보는 것의 한계는 다르다. 그래서 각각의 협회와 기업체는 각기 연구해서 색공간 규격을 따로따로 쓰고 있다.

## 우리 뇌의 제멋대로 해석

한편, 우리 뇌가 색에 대한 정보를 다르게 해석할 수도 있다. 앞에서 말했던 물체 AB와 물체 N을 다시 떠올려보자. 빛 이론에 의하면 조명에 따라 노랗게 보였다가 검게 보였다가 하는 것이 당연하겠지만, 뇌가 다른 환경에서 본 기억을 이미 갖고 있다면 검게 보일 환경에서 보고도 노랗다고 해석할 수 있다. 기억이 색공간을 조절하는 것이다. 여러분도 이에 대한 경험을 다들 갖고 있을 것이다.

한때 인터넷을 뜨겁게 달궜던 '파검-흰금' 드레스 색깔 논란이 그 예이다. 우리가 망막으로 받아들인 색깔에 대한 정보는 누구나 똑같을 것이다. 하지만 뇌는 그것을 자신의 경험에 맞춰서 색공간을 해석해 파검

**그림 2-2** '파검-흰금' 드레스 색깔 논란의 바로 그 사진(출처: https://swiked. tumblr.com/post/112073818575/guys-please-help-me-is-this-dress-white-and)

(파란색과 검정색) 또는 흰금(흰색과 금색)으로 인식한다. 이렇게 색공간을 사람마다 다르게 해석하는 것은 광원에 어떤 빛이 포함돼 있느냐, 밝기가 어떠냐에 따라 같은 물체라도 다르게 보이기 때문에 뇌에서 원래의 색깔을 복원해 보도록 발달시킨 기능이라 생각된다. 그런데 '파검-흰금' 드레스 사진은 뇌가 복원한 색상값이 두 종류가 될 수 있다는 것이 문제다. 더군다나 색공간을 조절하는 것조차 조절될 수 있다.

의류 디자인이 직업인 사람은 '파검'으로 볼 가능성이 높다. 헝겊의 원래 색깔을 알아내는 것을 중요시하기 때문이다. 아마도 드레스 사진의 뒷배경이 과다 노출됐기 때문에 이렇게 해석했을 것이다.

사진사는 '흰금'으로 볼 가능성이 높다. 나는 취미가 사진 촬영인데, 주변에 있는 사진을 찍는 사람 대부분은 흰금으로 보았다. (물어본 사람 중에서 예외가 한 명 있었다.) 사진사의 뇌는 당장 사진이 어떻게 찍힐 것이냐를 훨씬 중요시하기 때문에 헝겊의 원래 색깔을 예측하기보다는 사진 그대로를 인식해서 '흰금'으로 본 것이다. (사진사들은 사진 한 장을 처리할 때마다 사진의 밝기와 색감을 이리저리 조절해보는 게 일이기 때문에 이런 쪽의 경험이 많다.)

하지만 색공간을 엄청나게 유연하게 처리해서, 위의 드레스 사진을 볼 때마다 '파검'으로 봤다가 '흰금'으로 봤다가 하는 사람도 있다. 이 문제가 우리에게 중요한 이유는 자기와 다르게 보는 사람이 있다는 것이 아니라, 다양한 사람이 섞여 살고 있다는 점이다.

재미있는 사실은 AI(인공지능)도 배울 때 사람과 똑같은 실수를 하기 때문에, 당신이 어렸을 때 자주 틀렸던 것은 AI도 자주 틀릴 가능성이 있다는 것이다. 개인적인 이야기를 하자면, 나는 초등학교 1~2학년 때 한동안 '대추'와 '배추'를 잘 알아듣지 못했는데, 동영상 재생기의 음성 인식 기능을 켜고 동영상을 보다 보니 음성인식 AI도 한동안 이 둘을 구별하지 못했다. 시각적인 것도 사람이나 AI나 마찬가지 착시를 겪는 다고 알려져 있다.

●

사진가들 사이에서는 이런 이야기가 있다. '사진의 정확한 노출과 색 감은 당신의 마음속에 있다.' 전적으로 맞는 말이라고 생각한다. 이 말 은 사진가의 시각에 따라 사진이 자유자재로 변한다는 걸 잘 보여준 다. (덧붙이면 사진가는 다른 사람이 묻기 전에는 노출과 색감에 대해 어지간하면 가타 부타 말하지 않는다.) 게다가 표현하고자 하는 촬영 의도에 따라서 사진을 얼마든지 편집할 수 있다.

　사람은 눈이라는 하드웨어로 감지한 빛 신호를 뇌 안의 소프트웨어 로 분석해서 보기 때문에, '파검-흰금 드레스 논쟁'처럼 경우에 따라 다 르게 보기도 한다. 그럼에도 우리는 기본적으로 같은 현상을 보면 색깔 도 거의 같게 본다. 하늘은 파랗게 보고 고운 노을은 붉게 보는 것이다.

**3장**

노을의 과학

공기 분자는 크기가 보통 2~3Å 정도이므로, 산란이 아주 조금 일어난다. 이 때문에 산란이 푸른 하늘을 설명하지 못한다고 생각하기 쉽다. 그러나 햇빛은 아주 강하기 때문에 산란이 아주 조금만 일어나도 하늘이 매우 밝아진다. 실제로 해와 푸른 하늘의 밝기 비율을 생각해보면, 산란 때문에 하늘이 푸르게 보이는 건 확실하다.

비행기를 타고 대류권계면까지 올라가면 성층권의 대기가 희박해서 산란되는 빛이 무척 약하기 때문에 하늘이 검게 보인다. 물론 검은 하늘의 밝기를 기준으로 사진을 찍으면 파랗게 찍힌다. 빛이 약해서 눈에는 안 보이지만, 성층권 하늘도 푸른 것이다.

또한 해가 진 다음부터 약 1시간 30분 뒤까지는 하늘이 푸르게 빛난다. 햇빛이 높은 대기만 지나며 푸르게 산란되기 때문에, 비행기를 타고 대류권계면에서 보는 것과 비슷하게 보이는 것이다. 이 푸른빛이 보

**그림 3-1**　매직아워 때의 푸른빛이 뒤쪽 배경을 비추고 있다.

**그림 3-2**     시베리아 극야. 10킬로미터 상공에서 보이는 레일리 산란

**그림 3-2**     시베리아 극야. 10킬로미터 상공에서 보이는 레일리 산란

이는 동안에 사진을 찍으면 곱게 찍히기 때문에, 사진사들은 이때를 매직아워라고 부른다. 해가 뜨기 전도 비슷하다.

시베리아 극야(極夜) 사진(〈그림 3-2〉)은 1월에 비행기를 타고 가면서 찍은 것인데, 매직아워 때와 비슷해 보인다. 물론 해가 있는 방향은 사그라지는 노을의 잔광처럼 보인다. 하지만 매직아워 때 붉은빛이 거의 안 보이는 것처럼, 땅 위에서는 노을 잔광이 거의 안 보일 것이다. 그래서 이곳에 사는 동물은 극야가 지속되는 두 달이 넘는 기간 동안 밤낮 없이 푸른빛만 보며 지내야 한다.

이런 이유로 순록은 동공이 여름에는 고양이눈처럼 황금빛으로 빛나는데, 극야의 겨울에는 푸르게 빛난다. 망막 뒤쪽의 반사막(tapetum lucidum)을 이루는 단백질이 겨울에 더 촘촘해져서 반사되는 구조색이 푸르게 변하는 것이다. 이것은 망막이 푸른빛과 반사 전에 한 번, 반사 뒤에 한 번 반응한다는 의미이므로, 푸른빛을 더 민감하게 본다는 뜻이다.[1] 그러나 이렇게 되면 망막이 두꺼워지는 셈이 되므로, 초점이 덜 정교하게 맺힌다.

레일리 산란은 파장의 4제곱에 반비례하게 일어난다. 따라서 모든 파장의 세기가 같은 빛은 파장이 6000Å인 빨간빛과 비교해서 파장이 4700Å인 파란빛은 4배, 4000Å인 자줏빛은 10배 정도 더 많이 산란된다. 그렇다면 하늘이 자줏빛으로 보여야 할 것 같은데 왜 파랗게 보일

---

1  https://www.ucl.ac.uk/news/2013/oct/reindeers-eyes-change-colour-arctic-seasons

까? 광학 이외에도 다른 이유가 더 있는 게 아닐까? 그러니까 하늘빛과 노을에 대해 이야기할 때 산란이 일어나기 때문이라고 이야기하면, "보랏빛이 더 강하게 산란될 텐데, 하늘은 왜 파란 건가요?", "먼지가 노을을 붉게 만든다면, 공해가 심한 곳은 왜 노을이 안 예쁜가요?" 같은 질문이 되돌아오는 것은 어찌 보면 당연하다. 이 질문의 답은 간단하지만, 설명하기엔 복잡한 배경지식과 논리가 필요하다.

## 1. 회절과 산란

빛은 진행을 방해하는 물질 부근을 지날 때 직진하지 못하고 휘어질 수 있다. 이런 현상을 회절(에돌이)이라고 부른다. 먼 곳을 보면서 손을 눈앞에 바투 대고서 천천히 움직여보자. 손과 거의 만나 보이는 부분의 배경이 조금씩 움직이는 것처럼 보일 것이다. 손 틈새로 바라본 배경에는 틈새와 나란한 검은 선이 관찰되기도 한다. 틈새가 단일 슬릿이 되어 회절에 이은 간섭이 일어나서 우리 망막에 간섭무늬가 생기는 것이다.

하위헌스의 원리로 파동이 장애물 뒤쪽으로 휘어지는 현상은 비교적 쉽게 설명된다. 사실 파동은 장애물 반대쪽으로도 휘어진다. 이게 하위헌스의 원리가 잘 설명하지 못하는 대표적인 현상이다. 이런 회절의 특성은 밝은 광원 근처에 있는 불투명한 물체 가장자리를 따라서 밝게 빛나는 테두리가 생기게 한다. 조리개날이 홀수 개인 렌즈로 야경사진을 찍을 때 빛갈림이 조리개날의 두 배로 생기는 이유이기도 하다. (짝수 개일 때는 맞은편 날이 만든 것과 서로 겹치기 때문에 조리개날과 같은 수의 빛갈림이 생긴다.)

허블 우주망원경은 회절을 일으키는 보조거울 지지대가 4개이기 때문에 4개의 빛줄기가 나타난다. 많은 반사망원경은 허블 우주망원경처럼 4개의 빛줄기가 생긴다. 그러나 제임스 웹 우주망원경은 거울이 육각형이기 때문에 조리개가 6개인 경우와 비슷하게 거울 주변에서 회절이 일어나 6개의 빛줄기가 나타난다.[2]

회절은 주로 광학기기가 분해능[3]에 한계를 갖게 만드는 첫 번째 원인이기도 하다. 예를 들어, 카메라는 조리개에서 회절이 일어나서 초점이 맺힌 상이 완전히 선명할 수 없고, 따라서 분해능이 커진다.[4]

조금 다른 경우를 생각해보자. 빛의 진행을 방해하는 매우 작은 물질이 매우 성기게 많이 있다면, 빛은 이 장애물 사이를 지나가면서 어떤 현상을 일으킬까? 빛이 장애물을 만났을 때는 당연히 회절이 일어난다. 빛이 장애물 안의 전자와 확률에 의존해서 상호작용하는 것처럼, 회절도 확률에 의존한다. 즉 어떤 빛은 장애물이 없는 것처럼 지나

---

**2**  https://apod.nasa.gov/apod/ap220319.html

**3**  관찰하는 대상들이 나뉘어 있다는 것을 알아볼 수 있는 최소한의 각도

**4**  이것이 레일리 한계라고 부르는 첫 번째 원인이다. 두 번째 원인은 파장 길이가 만드는 한계다. 제임스 웹 우주망원경의 MIRI로 촬영한 사진이 다른 촬영장비로 찍은 것보다 뿌옇게 나오는 이유다. 물론 이 문제는 가시광선도 일으킨다. 파란색보다 빨간색의 분해능이 훨씬 큰 것이다. 그러나 사람의 눈은 이걸 알아챌 정도로 정밀하지 못하다. 자연에도 이런 원리를 이용하는 존재가 있다. 박쥐는 100kHz대의 초음파를 낸 뒤에 반사되어 돌아오는 소리를 듣고 장애물의 위치를 알아낸다. 장애물이 있다는 게 확실해지면, 내던 초음파의 주파수를 200kHz까지 높여서 분해능을 작게 만들어 정확성을 높인다. 기름쏙독새와 동굴흰집칼새도 박쥐와 같은 방법으로 어둠 속을 날아다닌다. 그러나 이 새들은 20kHz의 소리를 이용하기 때문에 장애물을 찾는 능력이 박쥐보다 매우 나쁘다. (참고: 『새의 감각』, 팀 버케드, 노승영 옮김, 에이도스, 99~104쪽)

**그림 3-3**    제임스 웹 우주망원경을 조절하면서 시험 삼아 찍은 사진(출처: NASA)

**그림 3-4**    산란을 일으키고 있는 말꼬마거미 암컷의 거미줄. 거미줄에 포함된 끈끈한 액체방울의 크기에 따라 강하게 산란되는 빛의 파장이 달라진다.

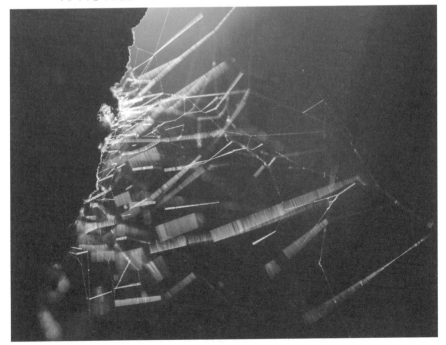

치지만, 어떤 빛은 (에너지 변화 없이) 움직이는 방향이 변한다. 이런 현상을 '산란'이라고 부른다. 특히 파장에 비해 매우 작은 장애물이 일으키는 산란을 연구자 이름을 따 레일리 산란(Rayleigh scattering)이라고 부른다. 공식은 아래와 같다.

$$I=I_0 \frac{1+cos^2\theta}{2R^2}\left(\frac{2\pi}{\lambda}\right)^4\left(\frac{n^2-1}{n^2+2}\right)^2\left(\frac{d}{2}\right)^6$$

$R$ : 물체와 관찰자 사이의 거리, $n$ : 굴절률, $d$ : 장애물 지름
$\theta$ : 빛이 꺾이는 각도, $\lambda$ : 빛의 파장

이 수식은 우리가 광학과 관련된 일을 하지 않는 이상 그리 중요하지는 않다. 하지만 이 책을 읽는 동안에는 계속 생각해야 할 것이므로 두 가지만큼은 꼭 기억해두자. 첫째, 빛의 파장 $\lambda$와 산란되는 양 $I$가 4제곱에 반비례한다. 그래서 레일리산란이 일어날 때는 파장이 짧은 빛은 파장이 긴 빛보다 더 많이 산란되며, 대부분 푸르게 보인다. 둘째, 장애물 크기 $d$와 산란되는 양 $I$가 6제곱에 비례한다. 즉, 장애물이 클수록 더 많이 산란된다.

레일리 산란은 보통 액체나 고체에서보다 기체에서 강하게 일어난다. 액체와 고체는 원자 배열이 촘촘하여 산란된 빛이 서로 상쇄간섭을 일으켜 매우 약해진다. 기체는 분자 사이의 거리가 멀어서 상쇄간섭을 별로 일으키지 않기 때문에 산란이 훨씬 더 많이 일어난다. 겨울철에 내뿜는 입김, 담배 필 때의 연기, 난로 위에서 끓는 주전자가 내뿜

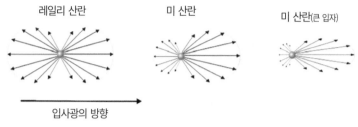

**그림 3-5**　레일리 산란과 미 산란의 방향성. 산란에 방향성이 있기 때문에, 편광판을 통해 산란된 빛(예를 들어 푸른 하늘이나 하늘이 비치는 수면)을 보면 방향에 따라 보이는 정도가 달라진다.

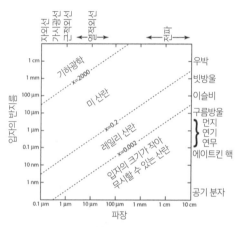

**그림 3-6**　장애물의 크기에 따른 빛의 반응.[5] 〈그림 3-5〉의 산란 현상이 일어나는 조건이 이 도표의 어디인지 확인해보기 바란다.

는 김 같은 것이 생길 때 푸르게 산란되는 것이 관찰된다. 비행기 엔진 뒷부분에서 만들어지는 비행기구름도 처음 생길 때는 푸르다가 곧바로 희게 변하는 걸 볼 수 있다.

　물론 장애물이 띄엄띄엄 있는 경우엔 액체와 고체에서도 레일리 산

---

**5**　출처: http://irina.eas.gatech.edu/EAS8803_Fall2009/Lec15.pdf

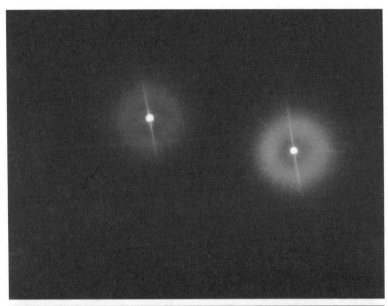

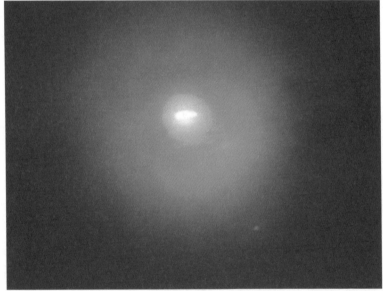

**그림 3-7**　(위) 유리창에 물방울이 맺히기 시작할 때 일어나는 레일리 산란. 나트륨등은 노랗게 보이지만, 푸른 빛도 포함돼 있다.

(아래) 유리창에 맺힌 물방울이 클 때 일어나는 미 산란

란이 일어날 수 있다. 흰 우유를 물에 엷게 섞으면 푸르게 보이는데, 이 현상은 틴달 효과(Tyndall effect)라고 부른다. 일부 사람이나 고양이는 눈이 푸른데, 이는 홍채에 멜라닌 색소가 없으면 그 앞쪽에 있는 단백질 층에서 레일리 산란이 일어난 빛이 보이기 때문이다.[6] 막 태어난 갓난 아기 중에도 눈동자가 푸른 경우가 있는데, 멜라닌 색소가 늦게 만들어지다 보니 그런 것이다. 사실 푸른 눈이 아닌 사람의 눈도 옆쪽에서 보면 푸르게 보이는 경우가 있다. (이런 사람은 어떤 시각을 갖고 있는 걸까?) 이와 비슷하게 안에서 레일리산란이 일어나는 고체는 주로 보석으로 쓴다.

장애물이 빛의 파장과 크기가 비슷하면 레일리 산란이 아니라, 거의 모든 파장의 빛이 비슷한 정도로 산란되는 미 산란(Mie scattering)이 일어난다.

겨울철에 유리창에 물방울이 맺히기 시작할 때 창밖에 있는 광원을 보면 산란의 변화를 자세히 볼 수 있다. 처음에는 레일리 산란의 결과로 주위에 색깔별로 빛나는 테두리가 나타난다. 물방울이 더 커지면 미 산란이 일어나면서 유리창이 그냥 밝게 빛난다.


## 2. 하늘은 왜 파랄까?

광원이 모든 색의 빛을 균일하게 포함한 백색광이라면, 레일리 산란

---

**6**  참고영상 : https://youtu.be/IGBGITdDs8A

에 의해서 자줏빛은 공기에 의해 빨간빛보다는 10배, 파란빛보다는 2배 정도 더 많이 산란된다. 그리 중요한 요소는 아니지만, 대기에 포함된 먼지는 공기분자보다 크기 때문에 조금 더 차이 나게 산란을 일으킨다. 하지만, 햇빛은 노란빛이 가장 강하고, 노란빛과 비교했을 때 파장이 많이 차이 날수록 약해지므로, 보랏빛이 파란빛보다 적게 들어있다. 이 두 요인이 합해진 결과, 산란된 빛에는 보랏빛이 파란빛보다 약간 적게 포함된다. 그런데 왜 하늘은 파란색만 보일까?

2장에서 보았던 원추세포의 색깔별 흡수율 그래프(⟨그림 2-1⟩)를 다시 보자. 하늘을 볼 때 우리 눈은 모든 빛알을 받아들인다. 이 빛알 각각은 동시에 모든 원추세포를 자극한다. 우리 눈은 빛알 하나하나를 구분하지 못하므로 모두를 하나로 묶어서 한 가지 색으로 본다.

이때 중요한 것은 사람은 보라색을 다른 색보다 잘 보지 못한다는 점이다. 세 종류의 원추세포가 민감하게 반응하는 파장이 전체적으로 빨간빛 쪽이기 때문이다. 파장이 똑같이 차이 나는 빛을 볼 때, 보라색 쪽보다 빨간색 쪽에서 색깔 차이를 더 크게 느낀다. 따라서 보라색으로 보이려면 보라색 영역의 빛만 있어야 한다. 그러니까 우리는 원추세포들이 받은 자극의 총합의 비율에 해당하는 색깔로 보게 되는데, 보라빛은 원추세포를 잘 자극하지 못하므로, 자극의 총합은 파란색만 비춘 것과 비슷하게 된다.

결과적으로 하늘은 파랗다. 보랏빛의 영향으로 우리가 일상적으로 인식하는 파란색보다는 약간 짧은 파장의 파란색으로 보이지만…

## 3. 노을은 왜 붉을까?

노을은 왜 붉을까? 답을 먼저 말하자면, 하늘이 파랗기 때문이다.

햇빛이 대기를 통과하면 파장이 짧은 빛이 더 많이 산란된다. 여기에서 '더 많이 산란된다'는 말은 산란되는 각도가 더 크다는 뜻도 포함한다. 따라서 산란되는 각도가 작은 방향에는 더 조금 산란되는 붉은 빛이 더 많이 남게 된다. 그러나 대낮에는 햇빛이 통과하는 대기의 거리가 짧아서 산란되는 양이 적다. 약간 주황색으로 보이는 정도이다. 그렇기 때문에 사람들은 햇빛이 원래부터 약간 주황색을 띤다고 생각했다. (이런 이유로 전구를 살 때 주광색 전구를 주문하면 옅은 주황색 제품이 온다.) 해의 온도에 해당하는 흑체가 그렇게 보이기도 한다. 그런데 처음 우주로 나간 우주비행사는 해가 완전히 하얗다고 말했다. 지구에서 약간 노랗게 보였던 건 햇빛이 대기를 통과하면서 하늘이 파랗게 보인만큼 짧은 파장의 빛이 산란되어 줄어들기 때문이었다.

아침과 저녁에 햇빛이 대기 속을 지나는 거리는 낮에 지나는 거리보다 길다. 따라서 방향에 따라 산란되는 햇빛의 양이 크게 달라져서 색깔이 크게 차이 난다. 머리 꼭대기의 하늘은 파랗다 못해 남색에 가까워지고, 해 주변의 하늘은 주황색이나 붉은색이 된다. 수평선에 걸린 해는 거의 완전히 빨갛게 보인다. (해넘이 사진 속의 해는 색상코드가 완전한 빨강을 뜻하는 #FF0000인 경우도 많다.) 짧은 파장의 빛이 거의 모두 산란되어 사라지기 때문이다. 어떤 빛까지 사라지느냐 하는 정도만 문제로 남는

**그림 3-8**　부산 광안리 해수욕장의 무지개 사진. 저녁노을 속 햇빛에 의해 생긴 무지개라서 거의 빨간 빛만으로 무지개가 생겼다.

다. 이 차이는 아침저녁에 뜨는 무지개를 보면 분명해진다. 보통 빨강
~노랑 영역의 빛만으로 무지개가 뜬다(〈그림 3-8〉).

참고로, 고산지대에서 보는 노을은 분위기가 다르다. 분명 높은 지대
에서 보이는 햇빛은 대기를 더 멀리 지나오기 때문에 더 붉을 것 같지
만, 볼리비아 우유니 사막에 있는 라구나 콜로라다(Laguna Colorada)에서
실제로 본 노을은 주황색이었다(〈그림 3-9〉). 그때 떴던 무지개는 파란색
은 사라졌지만, 녹색은 사라지지 않았다(〈그림 3-10〉).

수평선과 만나는 해와 노을은 훨씬 더 붉을지도 모르겠다. 그러나
〈그림 3-9〉 저 멀리 보이는 산에 올라가면 확인할 수 있었을지도 모
르겠지만, 그곳은 촬영지점에서 직선거리로 13km나 떨어진 볼리비아
와 칠레의 국경선이었기 때문에 가볼 수 없었다.

●

이렇게 대기 두께에 따라서 보이는 색깔이 달라지는 것은 다른 행성의
노을사진을 보면 더 확실히 알 수 있다. 화성은 대기가 엷다. 따라서 햇
빛이 대기를 길게 통과하며 생기는 노을은 지구에서 낮에 하늘을 올려
다보는 것처럼 푸르다. 화성에서 햇빛이 대기를 짧게 통과하는 대낮의
하늘은 검은데, 하늘이 밝게 나오도록 카메라를 설정해서 사진을 찍으

**그림 3-9**  우유니 사막의 라구나 콜로라다에서 본 저녁노을

**그림 3-10**　우유니 사막의 라구나 콜로라다에서 저녁에 뜬 무지개

**그림 3-11** (위) 탐사선 스피릿이 찍은 화성의 저녁노을. (출처: NASA)
(아래) 베레나가 찍은 금성의 평상시 모습. (출처: https://universemagazine.com/
en/the-last-photos-from-the-surface-of-venus-are-forty-years-old/)

면 먼지가[7] 없을 때는 파랗게 나온다. 지구에서 비행기를 타고 성층권까지 올라가면 하늘이 검게 보이지만, 하늘 밝기에 맞춰서 사진을 찍으면 파란 것과 비슷하다. 하지만 먼지가 많을 때는 먼지의 주성분인 산화철 색깔처럼 붉게 보인다.[8] 화성에서는 이산화탄소 때문에 대낮의 하늘이 붉게 보인다는 의견이 있지만, 근거를 찾지 못했다. 이산화탄소 때문이라면 먼지가 없을 때의 하늘과 노을도 붉게 보여야 할 것이다.

금성은 지구보다 대기가 수십 배 짙어서 하늘이 언제나 붉고 해 자체를 보기 힘들다. 노을이 촬영된 적은 아직 없지만, 촬영한다 해도 당연히 제대로 보이지는 않을 것이다.

지구 정도의 대기에서는 대기가 두터워지면 보통 노을이 더 화려해진다. 우리나라에서라면 태풍이 한반도에 가까이 오거나 지난 직후에 노을이 더 붉어진다. 바람이 강하게 상승해서 평소보다 대류권계면이 높아지고 따라서 햇빛이 대기를 지나오면서 만나는 공기가 많아지기 때문이다. 마찬가지로 행동이 매우 굼뜬 북태평양기단을 시베리아기단이나 오호츠크해기단이 팽창하면서 힘으로 밀어붙일 때도 대류권계면이 높아져서 다른 철보다 노을이 화려해진다.

반대로, 높이가 낮은 시베리아 고기압이 날씨를 지배하는 겨울철에

---

**7** 나사의 탐사선 오퍼튜니티(Opportunity)와 스피릿(Spirit)이 측정한 크기는 $1.5\sim3\mu m$로, 주로 초미세먼지에 해당한다.

**8** 지구에서도 먼지가 많아지면 하늘이 붉게 보인다. 사하라사막에서 먼지구름이 짙게 발생하거나 고비사막에서 황사가 짙게 발생하면 스페인이나 우리나라 하늘이 푸른 기운은 없어지고, 황톳빛으로 물든다.

는 노을이 화려하지 않다. 남극이나 북극 같은 극지방에서도 대기가 얇아서 마찬가지로 노을이 화려하지 않다.

●

대기중에 떠 있는 먼지도 노을에 영향을 미친다. 우주에는 크기가 몇 μm도 안 되는 작은 입자가 많이 날아다닌다. 이 입자를 우주먼지(우주진)라고 한다. 그린란드나 남극의 빙하에 포함된 우주먼지를 조사한 결과에 의하면, 매년 수천에서 수만 톤의 우주먼지가 지구로 떨어진다. (연구에 따라 몇천 톤에서 6만 톤 사이의 값으로 조사됐다.)

　물체가 공기나 물 같은 유체 안에서 움직일 때는 저항을 받는다. 유체저항은 속도의 1제곱 또는 2제곱에 비례해서 커지는데,[9] 물체를 떨어지게 만드는 중력은 거의 일정하므로, 하늘에서 떨어지는 물체는 일정한 속도에 다다르면 더 이상 빨라지거나 느려지지 않는다. 이 속도를 '종단속도'라고 한다. 종단속도는 보통 떨어지는 물체가 무거울수록 넓이에 비해 중력이 강해지므로 더 빠르다. 구름이 공중에 멈춰있는 것처럼 보이듯이, 가벼우면 멈춰있는 것처럼 보일 정도로 느리게 떨어진다. 그래서 작은 우주먼지는 대기를 통과해서 땅까지 떨어지는 데 수백 년에서 수천 년이 걸린다. 우주먼지보다 더 큰 운석이 대기권으로 들어

---

**9** 속도의 1제곱에 비례하는 저항을 점성저항이라 하고, 속도의 2제곱에 비례하는 저항을 압력저항이라고 한다.

오면 빠른 속도 때문에 공기와 부딪히며 작게 부서진다. 이렇게 부서진 조각도 우주먼지와 똑같이 땅으로 천천히 떨어진다.

우주먼지가 떨어지는 데 걸리는 시간을 생각하면, 대기중에는 우주먼지가 늘 수백만에서 수천만 톤씩 떠있는 셈이다. 레일리 산란 공식에 따르면, 산란되는 빛의 양이 장애물 크기($d$)의 6제곱에 비례하는데, 먼지는 보통 공기분자보다 훨씬 크므로 산란을 더 많이 일으킬 것이다. (전체적으로는 공기분자가 먼지보다 산란을 훨씬 더 많이 일으킨다.) 따라서 공기가 완전히 깨끗할 때보다 산란이 더 많이 일어난다. 자연은 화려한 노을을 보여줄 준비를 늘 하고 있는 셈이다.

●

화산폭발이나 대형 산불 때문에 먼지가 대기 중으로 퍼져도 황홀한 노을이 생길 수 있다. 1980년 5월 18일, 미국 워싱턴주에 있는 세인트헬렌스(Saint Helens) 화산이 폭발한 사건이 좋은 예이다. 폭발 전에 있던 화산 몸체 중 남동쪽 사면이 폭발하면서 모두 사라졌다. 이때 생긴 먼지가 성층권까지 뿜어져 올라가서 햇볕을 차단했다. 그 결과, 1980년부터 1981년까지 전 세계의 평균기온이 0.5℃ 떨어졌고, 겨울이 유난히도 추워서 우리나라의 경우엔 이때 측정된 기온이 지금까지도 최저기온 기록인 지역이 많다. 그 영향으로 곡물 값이 급등했으며, 전 세계 하늘은 유난히도 고운 노을로 물들었다.

이 정도까지 강하지는 않았어도, 노을이 화려하게 들도록 만든 화산 폭발은 역사에서 심심찮게 찾아볼 수 있다. 1883년에 인도네시아의 크라카토아 화산 폭발은 전 세계에 엄청나게 화려한 노을이 지게 만들어서, 뭉크(Edvard Munch)가 〈절규〉라는 작품을 그리게 만들었다는 풍문이 돌 정도였다. 필리핀의 피나투보 화산이 1991년에 폭발했을 때 유럽에 노을이 화려하게 든 사건도 유명하다.

## 4. 곱지 않은 노을은 왜?

먼지가 노을을 화려하게 만든다고 하면, 유럽 도시에서는 노을이 고운데 서울에서는 왜 곱지 않느냐는 질문을 할 수 있다. 사실 서울에서는 날씨가 안 좋은 것도 아닌데 해가 수평선에 가까워지면 붉은 기운이 생기다 말고 잿빛이 되며 사그라지는 경우가 많다. 하늘에 먼지, 그것도 매우 큰 입자가 많아서 그렇다. 빛의 파장과 크기가 비슷한 입자는 모든 색깔의 빛을 비슷하게 산란시키는 미 산란(Mie scattering)을 일으키거나 흡수한다. 그래서 하늘이건 노을이건 채도가 낮아져 무채색에 가깝게 보인다. 매우 작은 우주먼지 혹은 공기분자가 만드는 푸른 하늘이나 화려한 노을과는 극명히 비교된다. 노을뿐만 아니라, 평소 먼 곳이 뿌옇게 보이는 건 대부분 먼지나 오염물질 그리고 수증기가 엉겨 붙어서 생긴 커다란 덩어리가 미 산란을 많이 일으켜서 생기는 현상이다.

이렇게 노을을 곱지 않게 보이도록 만드는 커다란 먼지는 대부분 사람의 활동에서 나온다. 공장에서, 자동차 배기가스에서, 생활용품 소비 과정에서 뿜어져 나오는 것이다. 그러니까 유럽에서 노을이 더 곱게 진다면 그만큼 우리나라보다 공해가 적다는 뜻이다.

모네 같은 인상파 화가가 그린 그림에서 노을이 그리 붉지 않고, 해가 수평선과 멀찌감치 떨어져 있던 것은 당시 유럽의 공해가 심했던 모습 그대로를 그린 것인지도 모르겠다. 산업혁명기의 유럽에서 녹색 노을이 떴다는 기록이 있다. 녹색 노을은 공해가 극심할 때 주로 일어나는 현상이다. 현대에도 중국의 산업공단에서 녹색과 보라색 노을이 떴다는 기록이 있다. (인천 남동공단에 1년쯤 살았는데, 해가 뉘엿뉘엿 기울 때면 하늘이 연두색으로 변하곤 했다.)

●

물론 공해가 원인이 아닌 특이한 노을도 있다.

화산이 폭발해 황(S) 성분이 많이 뿜어져 나와 성층권까지 올라가면 이것들이 뭉쳐 에어로졸이 만들어질 수 있다. 이 에어로졸이 푸른빛을 산란시키고, 이 빛과 일반적인 노을의 붉은빛이 겹쳐 보이면 보라색이 된다.[10] 태풍 등에 의해 특정 크기의 물방울이 대기중에 많이 생겨도 같

---

**10** 이때 생기는 에어로졸은 때로 진주모운이라는 구름을 형성한다. 무지개빛을 띤다고 하니 보면 멋질 것 같다. 그러나 진주모운은 극지방의 겨울에 형성된다고 하니, 우리나라에서 볼 수는 없다. (아라키 켄타로, 김정환 옮김, 『구름을 사랑하는 기술』, 2019, 139쪽)

**그림 3-12** 칠레 아타카마 사막에는 푸른 하늘이 아주 많이 낭비되고 있었다!

은 원리로 보라색 노을이 질 수 있다고 한다. 참고로, 숯불도 붉은 불꽃 위를 파란 불꽃이 짙게 뒤덮으면 같은 원리로 보라색으로 보인다.

그렇다면 수증기가 없는 환경에서는 어떨까? 사막이나 남북극처럼 대기에 수증기가 별로 없는 곳에서는 먼 곳까지 선명하게 보인다. 사막은 분명히 먼지가 많을 텐데도 그렇다. 그래서 세계적으로 중요한 천체망원경은 주로 수증기가 없는 칠레의 아타카마 사막과 하와이의 고산지대 같은 곳에 만든다. (대기가 얇은 극지방이 아니라면) 당연히 노을도 곱게 진다.

**4장**

# 대기가 해를
# 보여주는 방법

사람은 항상 대기를 통해 우주를 본다. 그러나 대기는 우주를 있는 그대로 보여주지 않고, 약간 왜곡해서 보여준다. 그렇기 때문에 만약 대기의 왜곡 없이 우주와 해를 보고 싶으면 우주에 가야 한다. 정밀관측을 해야 하는 과학자들이 우주망원경을 쏘는 이유이다.

하지만 우리가 당장 우주로 나갈 수는 없는 노릇이므로, 대기가 왜곡을 일으키는 현상을 그냥 즐기는 게 현명하다. 근데 막상 대기의 왜곡 현상을 즐기려니, 공기 굴절률은 1.0003 정도로 작아서, 공기의 온도나 밀도가 불균일한 이유만으로 나타나는 광학현상은 아지랑이나 약간의 신기루 정도가 다일 정도로 거의 눈에 띄지 않는다. 그러나 아침저녁에 빛이 대기를 길게 지나갈 때는 대기를 지나간 거리만큼 영향이 커져서 일어나는 광학현상이 눈에 잘 띈다. 해가 뜨고 질 때 대기가 햇빛을 왜곡시켜 나타나는 대표적인 현상으로는 오메가($\Omega$) 현상과 노루꼬리 현상이 있다.

이번 장에서는 대기가 햇빛을 어떻게 왜곡시켜 어떤 현상을 일으키는지 살펴보자. 기본적으로 해돋이와 해넘이일 때 모두 똑같이 일어날 수 있는 현상이지만, 해넘이인 경우만 이야기한다. 해돋이일 때도 그렇구나 생각해주면 좋겠다.

## 1. 늦게 뜨고 일찍 지는 해

지구 대기는 대류권, 성층권, 중간권, 열권의 네 층으로 나뉜다. 각 층마다 온도 변화가 다르기 때문에 성질도 각각 다르다. 대류권과 중간권은 위로 올라갈수록 온도가 내려가고, 성층권과 열권은 반대로 온도가 올라간다. 따라서 대류권과 성층권의 경계인 대류권계면과 중간권과 열권의 경계인 중간권계면이 온도가 가장 낮다.

기체의 압력은 위쪽 공기에 눌린 힘에 자기 무게를 더해서 아래쪽 공기를 누르는 방식으로 차곡차곡 쌓이면서 생기는 것이므로, 아래로 내려갈수록 더 커진다. 다른 조건이 같을 때, 압력이 높으면 일정한 부피 안에 들어 있는 공기분자가 많아지고, 공기분자가 많아지면 밀도가 높아진다. 따라서 공기 대부분은 가장 아래쪽인 대류권에 모여 있다. 빛은 밀도가 높은 쪽으로 굴절되므로,[1] 햇빛은 땅 쪽으로 휘어진다.

---

**1** 참고로, 보통 밀도가 큰 물질 안에는 빛[광파]과 반응할 수 있는 전자가 많아서, 굴절률이 커지기 때문에 밀도와 굴절률을 비슷한 뜻으로 쓸 수 있다. 줄로 전파되는 파동이나 액체 경계면을 지나는 표면파는 밀도 자체가 진짜 굴절률처럼 작용한다.

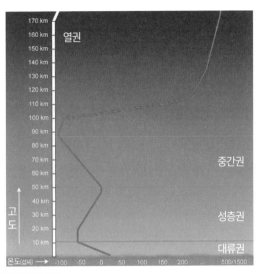

**그림 4-1**　지구 대기의 구조

한편, 공기는 압력이 같을 때 온도가 낮으면 밀도가 더 크므로, 빛은 온도가 낮은 쪽으로 휘어진다[굴절한다]. 따라서 대기를 지나오며 아래로 휘던 햇빛은 온도가 낮은 대류권계면 부근을 지날 때 땅 쪽으로 더더욱 많이 휘어진다. 그러니까 압력에 의한 밀도 변화 때문에 보통 땅 쪽으로 휘는데, 대류권계면을 지날 때는 온도 때문에 특히 더 많이 휜다.[2]

대기는 수평 방향으로 움직이는 속도에는 영향을 주지 않고, 수직 방향으로 움직이는 속도만 느리게 만든다. 결국 대기 때문에 햇빛이 〈그림 4-2〉처럼 위쪽으로 약간 휘어지며 움직이는 것처럼 보인다. 해

---

**2**　땅 쪽으로 휘는 굴절 현상은 물리적 성질이 비슷한 중간권계면에서도 일어날 것이다. 하지만 중간권계면은 고도가 너무 높고, 대기가 희박해서 우리가 알아챌 수 있는 현상을 일으킬 수가 없다. 중간권에서 일어나는 기상현상 중에 우리가 볼 수 있는 것은 야광운 정도밖에 없다.

가 수평선과 가까울수록 휘어지는 각도가 커지고, 그만큼 겉보기 속도가 점점 느려진다는 걸 유추할 수 있다.

해넘이 때, 해가 지평선이나 수평선에 닿았을 때부터 완전히 사라지는 데까지 걸리는 시간, 다시 말해서 지구가 0.5° 자전하는 데 걸리는 시간은 2분 정도인데, 대기 굴절로 해넘이가 늦어지는 시간은 2분이 약간 넘는다. 해가 수평선과 만나고 있다면 진짜 해는 이미 수평선 밑에 있는 것이다. 해돋이 때는 반대로 빨리 뜨는 것처럼 보이는데, 해넘이 때 느려지는 시간보다는 좀 짧고 2분보다는 길다. 진짜 해가 수평선 위로 올라오기 전부터 이미 모든 모습이 보이는 것이다. 그래서 진짜 해는 보이는 것보다 늦게 뜨고, 일찍 진다. 이렇게 늘어난 낮의 길이는 4분 이상이다. (해돋이와 해넘이 시간을 알려주는 프로그램들도 이 시간을 적용해서 알려준다.)

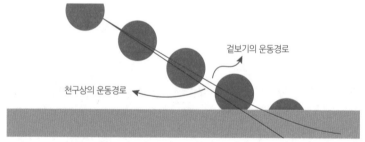

겉보기의 운동경로

천구상의 운동경로

**그림 4-2**    해의 이동경로

## 2. 찌그러진 해

앞에서 설명했듯이, 해가 수평선에 가까워지면 땅으로 다가가는 속도

**그림 4-3** 해는 고도가 낮아질수록 움직이는 방향이 더 많이 꺾인다. (출처: http://blog.empas.com/noiselee)

가 점점 느려진다. 해를 부분부분으로 나눠서 생각해보면, 위쪽과 아래쪽이 수평선으로 다가가는 속도가 다르다. 아래쪽은 내려가는 속도가 더 일찍 느려지고, 위쪽은 늦게 느려지므로, 결국 위아래가 점점 가까워져서 전체적으로 눌린 것처럼 보인다.

이렇게 찌그러진 해를 보면서 좀 쓸 데 없어 보이는 생각을 해본다. 사람이 좌우로 약간 길쭉한 것을 동그랗다고 느끼는 이유는 해넘이나 해돋이의 해를 보며 진화한 결과가 아닐까? 하지만 중력 때문에 높은 곳을 위험하고 두렵도록 느끼게 진화하는 과정에서, 특히 자신의 위치보다 아래쪽의 세로를 가로보다 더 길게 느끼게 됐다는 설이 설득력이 더 높다. 아래쪽 세로를 더 길게 느끼는 건 쉽게 확인할 수 있다. 종이 한 장을 놓고서 높이의 가운데로 보이는 곳을 표시한 뒤 절반으로 접으면, 표시가 접힌 자국의 아래쪽에 있을 것이다.

해는 관찰자가 높은 곳에서 볼수록 더 심하게 눌려 보인다. 햇빛이 대기를 지나오는 거리가 해안가에 있을 때보다 더 길어져서, 더 많이 꺾이기 때문일 것이다. 개인적으로 본 것 중에서 가장 심하게 찌그러진 해는 뉴질랜드행 비행기를 타고 태평양을 건널 때 상공 10킬로미터 높이에서 본 떠오르는 해였다. 이때 찍은 사진을 보여드리고 싶지만, 유리창에 설치된 차광용 액정(편광을 설명할 때 말했듯 유리창에 액정을 붙여 외부에서 들어오는 빛을 자동으로 조절하는 장치이다)이 빛을 거의 차단하고 있어서 사진이 아주 심하게 흔들렸기 때문에 아쉽게도 보여줄 만한 것이 없다.

## 3. 오메가 현상

해가 저물 때면 수평선 아래에서 다른 해 하나가 마중 나와서 서로 손을 맞잡는 것처럼 보이는 현상이 일어난다. 이처럼 두 해가 서로 손을 맞잡듯 만나는 순간을 그리스 문자의 마지막인 오메가($\Omega$)를 닮았다고 해서 오메가 현상이라고 한다.

오메가 현상은 대기가 두 가지 광학 현상을 일으켜서 생기는데, 이 광학 현상들이 항상 일어나는 것은 아니기 때문에 오메가 현상도 항상 일어나지는 않는다. 그런 탓인지 사진사 사이에서 '오메가 현상은 3대

**그림 4-4**    화성 탄도항에서 찍은 오메가 현상

가 덕을 쌓아야 볼 수 있다'는 말이 떠돈다. 물론 그 정도로 보기 어려운 현상은 아니지만, 상당히 드물게 일어나는 건 사실이다. (가을에 울릉도로 가면 거의 확실하게 볼 수 있다.)

대기에서 일어나는 광학 현상은 주로 굴절에 의해 일어난다. 흔히 알려진 아지랑이나 앞에서 살펴본 해의 궤적 변화는 모두 굴절 때문에 일어난 현상이다. 그러나 굴절이 심하게 일어나면 반사 현상이 일어날 수도 있다. 다음에 살펴볼 신기루, 그리고 신기루가 일으키는 오메가 현상은 반사 때문에 일어나는 현상이다.

### 반사에 대한 물리학적 이야기

파동이 매질의 영향으로 매질의 경계면에 수직인 성분이 반대가 되는 현상을 반사라고 한다. 빛이 물질 속 전자와 상호작용한 결과 반사가 일어난다. 반사가 일어나지 않은 빛은 매질에 흡수되거나 투과된다. 이 때 투과되는 빛은 위상이 그대로 유지된다. 그러나 반사된 빛은 위상이 그대로 유지될 수도 있고, 반대로 뒤집힐 수도 있다. 굴절률이 낮은 곳에서 높은 곳으로 진행하다가 반사되면 위상이 뒤집히고, 높은 곳에서 낮은 곳으로 진행하다가 반사되면 위상이 유지된다. 이때 반사각, 그러니까 반사된 빛과 경계면에 수직인 직선이 이루는 각도는 무조건 입사각과 같다.

반사는 매질의 특성에 영향을 받는다. 결정처럼, 원자가 규칙적으로 배열되어 있고, 따라서 전자도 규칙적으로 분포되어 있는 매질이면 각도에 따라 간섭이 일어나는 정도가 규칙적으로 바뀌어 나타나므로 특정 각도로만 반사가 일어나기 쉽다.

유리처럼 원자가 불규칙하게 배열되어 있는 물질에서도 반사가 일어나는데, 관찰자 위치에서 간섭이 얼마나 일어나는지에 따라 얼마나 많은 빛이 반사될지 결정되는 건 결정에서 반사될 때와 같다. 그러나 유리 내부에는 규칙성이 없으므로 반사되는 빛의 양은 오직 입사각과 반사각에 대한 관계에 의해서만 나타난다. 빛이 유리에 수직(입사각이 0°)으로 비칠 때 약 4퍼센트가 반사되는데, 이 값이 유리의 최소반사율이다. 입사각이 커지면 반사율도 커지고, 임계각을 넘어서면 모든 빛을 반사한다.

반면에 금속은 빛과 반응하는 자유전자가 매우 많으므로 반사가 더 잘 된다. 반사율은 빛의 파장과 금속의 종류에 따라 달라진다. 예를 들어, 수은(Hg)이나 은(Ag)은 가시광선의 반사율이 높다. 그러나 금(Au)은 가시광선의 반사율은 낮고, 특히 짧은 파장의 녹색부터 보라까지 해당하는 빛을 거의 흡수해서[3] 보색인 노란색으로 보이지만, 적외선은 잘 반사한다. 따라서 금속으로 거울을 만든다면 어떤 빛을 반사시킬 것이냐에 따라 적합한 소재를 써야 한다. 예를 들어, 주로 자외선과 가시광선으로 관측하는 허블 우주망원경은 알루미늄(Al)으로 코팅되어 희게 보이는 거울을 쓰고, 주로 적외선으로 관측하는 제임스 웹 우주망원경은 금으로 코팅되어 노랗게 보이는 거울을 쓴다.[4]

매우 얇은 막이 표면을 덮고 있는 경우를 생각해보자. 전자와 빛은 확률적으로 반응하므로, 매질이 얇아 반응할 전자가 적으면 반사가 거의 일어나지 않고 대부분 투과된다. 매질이 두꺼워 전자가 많아지면 반응할 확률이 높아지므로 반사가 많이 일어나고, 상대적으로 투과는 적게 일어난다. 그러나 이런 경우는 실생활에서 거의 활용되지 않는다. 실생활에서 쓰이는 얇은 막 간섭을 살펴보자. 유리창이나 광학기기에서 반사를 막으려는 (또는 반대로 더 많이 반사시키려는) 빛깔이 있다면, 목적으로 하는 빛(광파)의 반파장 이상의 두께로 표면에 얇은 막을 만든다. 예를 들어, 안경렌즈 제작업체 에실로의 대표에게 문의해본 결과, 안경 렌즈는 코팅을 무조건 3000Å의 두께로 입힌다고 한다.[5] 반사되는 상의

---

**3** 자유전자가 아닌 안쪽 원자궤도에 있는 전자가 흡수한다.

**4** 뜨거운 물과 음료를 보관할 보온병은 금으로 코팅하는 게 절대적으로 유리하다.

**5** 다음을 참고. https://notion.blog/optia-why-glasses-is-changed-color/

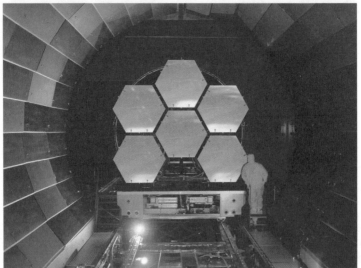

**그림 4-5**  (위) 허블 우주망원경의 거울 (출처 : NASA)

(아래) 제임스 웹 우주망원경의 거울 (출처 : NASA)

색깔은 코팅하는 물질을 바꿔서 광학거리[6]를 다르게 만들면 바꿀 수 있다. 안경이 아닌 광학기기는 목적에 맞게 두께 자체를 다르게 코팅한다. 결국 코팅은 모니터나 TV의 표면에서 외부의 빛이 반사되는 것을 막거나, 안경 등의 기구를 썼을 때 보기 싫은 빛깔을 눈에 띄지 않게 해서, 쓰기 편하거나 미적으로 곱게 보이도록 만드는 데 활용된다.[7]

## 마중 나오는 해의 정체

앞에서 살펴봤듯이, 대기로 들어온 햇빛은 땅 쪽으로 휘어진다. 한편, 낮 동안 땅과 바다는 햇볕에 의해 가열된다. 바람이 불지 않으면 땅과 바다로부터 열을 넘겨받아 따뜻해진 공기가 낮은 고도에 계속 머물러 있다. 낮은 고도에 있는 따뜻한 공기가 높은 고도의 공기보다 밀도가 낮아질 경우, 이곳에 비스듬히 비친 빛은 위로 휘어진다. 거울에 빛이 반사되는 것처럼 보이며, 위아래가 뒤바뀌어 보인다. 햇볕에 뜨겁게 달궈진 아스팔트 도로 위에 물이나 수은이 있는 것처럼 보이는 것과 똑같은 현상인 '신기루'가 발생하는 것이다.

해의 고도가 낮아지면 햇빛도 신기루에 의해 반사된다. 그렇게 해

---

**6** 빛이 진공에서 지나가는 거리로 환산한 거리. 보통은 물질 안에서의 빛의 이동거리와 굴절률의 곱이다. 기하광학에서 경로에 따른 위상차를 고려할 때 많이 쓰인다.

**7** 표면에 몇 나노미터 크기의 패턴을 만들어서 반사가 일어나지 않게 하는 방법도 있다. 잠자리, 매미 같은 곤충의 투명하지만 빛을 거의 반사하지 않는 날개 부위는 지름이 몇십 나노미터이고 길이는 그보다 열 배 정도인 돌기로 뒤덮여 있다.(참고: https://youtu. be/MK6b-YGFh1w) 물론 기술적으로 표면에 몇 나노미터 크기의 패턴을 만들 수 있지만, 그걸 일상생활용품으로 사용하기에는 한계가 있다.

가 하늘 위에서 점점 내려와서 수평선 또는 지평선과 만날 때쯤이면, 또 다른 해가 아래에서 위로 솟아오르는 것처럼 보인다. 그러면 두 개의 해가 만나 오메가 모양이 된다. 이때 밑에 있는 다른 해도 진짜 해이다. 위에 보이는 해가 위로 오던 햇빛이 아래로 굴절되어 보이는 해라면, 아래쪽에 보이는 해는 몇 킬로미터 앞쪽의 바다나 땅 위에 도착했던 햇빛이 위로 반사되어 보이는 해이다.

신기루를 만드는 햇빛은 대류권계면을 통과한 뒤에 관찰자에게 보일 때까지 150킬로미터 정도의 대기를 통과한다. 따라서 오메가 현상을 보려면 관찰자가 있는 곳뿐만 아니라 해가 있는 방향으로 150킬로미터 정도는 구름이 없고, 대기가 안정적이어야 한다. 오메가 현상이 자주 관찰되지 않는 이유이다.

다른 환경에서는 다른 양상의 신기루가 나타나기도 한다. 매우 추운 극지방에서는 지표면 위의 공기가 지표면의 복사 등의 이유로 냉각되다 보면 위쪽 공기가 더 따뜻해지기도 한다. 이러면 하늘 위로 지나던 빛이 굴절되어 땅 쪽으로 방향을 바꾼다. 이런 신기루를 상방굴절신기루라고 한다. (앞에서 설명했던 신기루는 이와 비교하여 하방굴절신기루라고 한다.) 24시간 해가 뜨지 않는 극야(極夜)일 때 이런 신기루가 생기면 극지방에 사는 동물에게 멋진 선물이 될 것 같다.

상방굴절신기루는 사막에서도 생긴다. 보통은 건조한 공기라 하더라도 위로 높이 상승하면 수증기가 응결돼서 구름이 생긴다. 하지만 사막의 엄청나게 건조한 공기는 대류권계면 부근까지 상승해도 위나 아래쪽 공기보다 더 따뜻하면서 구름이 생기지 않을 수 있다. 이때 하늘 위로 올라가던 빛이 이 따뜻한 공기에 굴절하여 땅 쪽으로 꺾이면서 하늘에 신기루가 생긴다. 하늘에 해가 뜨거나(?) 먼 곳의 지형이 뒤집혀서 보이는 것이다. 지구에서 가장 건조한 곳인 남아메리카의 아타카마 사막에서는 몇 년에 한 번 정도 이런 상방굴절신기루가 뜬다고 한다.

참고로, 우리나라처럼 별다른 특징이 없는 곳에서도 〈그림 4-6〉처럼 가끔 해가 둘 이상 뜨는 경우가 있다. 이건 신기루가 아니라 하늘에 생긴 빙정에 햇빛이 반사되어 보이는 것이다.

## 해 사이가 이어지는 현상

저무는 해와 마중 나오는 해가 가까워지면 그 둘이 서로 끌리듯 사이가 연결되어 보이는 현상이 일어난다. 해와 해 사이엔 아무것도 없을 텐데 왜 이렇게 보이는 것일까?

사람 눈은 매우 민감하다. 밝기에 따라 홍채를 조절하면서 물체를 본다. 같은 것도 주변의 밝기나 색에 따라서 다르게 보는 이유다. 노을 속 해는 대낮의 해와 비교하면 상당히 어둡지만, 주변과 비교하면 여전히 매우 밝다. 따라서 노을을 볼 때 눈은 주변 모든 것을 어둡게 보더라도 햇빛으로부터 눈을 보호하려고 홍채를 조인다. 홍채를 조이면 어지간히 약하게 빛나는 것은 보이지 않게 되므로, 밝게 빛나는 불빛은 경계가 선명하게 부각된다. 이런 현상은 조리개를 심하게 조여 사진을 찍을 때 관찰할 수 있다. 이 이야기는 조리개를 조이면 회절에 의해 사진이

**그림 4-6**　　하늘에 육각판형 빙정이 형성되면, 빙정의 위와 아래에서 햇빛이 반사되어 빛줄기가 위아래로 수직으로 연결된 것처럼 보이는 해기둥이 형성된다. 해기둥에 비친 햇빛은 때때로 둥글게 보이는 허상을 이루는데, 이 허상은 해가 진 뒤까지도 그 자리에 멈춰 있는 것처럼 보인다.

**그림 4-7**　　두 개의 해가 가까워지면서 이어지려 하고 있다. 해에서 가운데는 밝고, 가장자리는 어두운 주연감광을 볼 수 있다. 주연감광은 스스로 빛나는 모든 별에서 나타난다.

뿌옇게 나온다는 일반상식과 충돌하는 것 같지만, 아주 밝게 빛나는 불빛을 촬영하는 경우에 한정해 볼 수 있는 특별한 현상이다.

한편, 해를 보면 주변 하늘과 선명하게 구분되는 것 같지만, 실제로는 선명하지 않다. 대기가 햇빛을 요란시키는 영향도 있지만, 일단 해가 (개기일식 때나 볼 수 있는) 코로나(Corona)와 채층(Chromosphere) 등을 갖고 있어, 선명한 경계를 갖고 있지 않다. 심지어 주연감광(limb darkening)이라는 현상에 의해 해 자체도 가운데가 주변보다 더 밝다.

두 개의 해가 가까워지면 주변에 어두워 보이던 부분에서 오는 빛도 합해져서 좀 더 밝게 보인다. 해와 비교해서 볼 수 없는 밝기이던 것들이 겹쳐지다 보니 맨눈으로도 볼 수 있을 만큼 밝아지는데, 그 위치가 두 해 사이이다 보니 연결되는 것처럼 보이는 것이다.


## 4. 노루꼬리

조금 남은 물건이나 시간을 빗대어 '노루꼬리만큼 남았다'고 이야기한다. 또 보잘 것 없는 걸 크다고 과장해봤자 소용없음을 일깨우는 '노루꼬리가 길면 얼마나 길겠는가?'라는 속담도 있다. 노루꼬리는 쥐톨만해서 눈에 잘 안 띌 정도로 작기 때문이다.

노루꼬리는 해가 질 때 잠시 나타나는 녹색의 빛덩이를 부르는 이름이기도 하다. 노루꼬리는 발견하기가 무척 힘든데, 해가 수평선을 넘어가는 데 걸리는 시간 약 2분 중에서 노루꼬리 모습을 볼 수 있는 시간은 몇 초에 불과하기도 하고, 크기도 작기 때문이다. 더군다나 녹색 빛은 대기에 모두 산란될 수 있기 때문에 노을이 너무 화려하게 들면 해의 마지막 모습은 녹색이 아니라 노랑이 끝일 수 있다. 그리하여 오늘날에도 망원경이나 망원렌즈를 낀 카메라로 보지 않으면 발견하기 힘들다.

그런데 BC 2500년경 이집트에서 노루꼬리를 관찰한 기록이 남아 있다. 옛날 사람들은 맨눈으로 어떻게 보았을까? (노루꼬리보다 그게 더 신기하다!) 그것도 전 세계 각지에서 이름까지 붙여놓은 것을 보면, 옛날 사람들이 현대인보다 더 시력이 좋았거나 관찰력이 좋았던 게 아닌가 하는 생각이 든다. 노루꼬리는 문화권에 따라 부르는 이름이 다양하다. 영어로는 '그린플래시(Green flash)'라고 부른다. 한자어로는 그리 예쁜 이름은 아닌 '녹색섬광'이다. (우리나라 공식 표준어는 '녹색광선'이다.) 우리말 '노루꼬리'는 노루꼬리처럼 짧고 작은 외양과 더불어 '노을'의 꼬리라는 의미를 부여해 이름붙인 것 아닐까 추측해본다.

**그림 4-8**    노루꼬리(출처: BBC 〈South Pacific〉 1편의 일몰 장면)

노루꼬리는 대기의 분산 때문에 생긴다.

햇빛에 포함된 빛은 파장이 짧을수록 더 많이 꺾인다. 따라서 파란 빛이 가장 많이 꺾이고, 녹색빛, 노란빛, 주황빛에 이어 빨간빛이 가장 조금 꺾인다. 여러 파장의 빛이 한 관찰자에게 모일 때 각 파장의 빛이 오는 방향을 생각해보면, 빨간빛은 해가 실제로 위치한 방향에 가장 가까운 방향에서 올 것이고, 주황빛, 노란빛, 녹색빛에 이어 파란빛이 해에게서 가장 먼 방향에서 올 것이다. 따라서 빨간빛이 보여주는 해는 가장 아래에 위치하고, 주황빛, 노란빛, 녹색빛이 보여주는 해들이 그보다는 위에 보이고, 가장 위쪽에 파란빛이 보여주는 해가 있을 것이다. 그러므로 해가 질 때 가장 마지막에 보이는 해는 파란빛의 해일 것이다. 물론 파란빛은 대기를 지나오는 동안 모두 산란되어 사라지고, 보통은 빨간빛과 노란빛만 남는다.

문제는 녹색빛이다. 녹색빛은 대부분 파란빛처럼 모두 산란되어 보이지 않는다. 그런데 어쩌다가 한 번씩은 보일 만큼 남는다. 그렇더라도 매우 조금만 남기 때문에, 빨간 해와 노란 해가 진 뒤에 단 몇 초 동안만 보인다.

여러분은 이 설명을 모두 보았으니, 노을을 볼 때 노루꼬리가 생기면 잘 볼 수 있을 것이다. 개인적으로 이전에 노루꼬리를 두 번 본 적이 있었다. 하지만 결과적으로 찍은 사진에는 녹색이 찍히지 않았다.

맨눈으로 볼 때는 분명 선명한 연두색이었는데, 사진에 찍힌 색상 코드는 완전한 노란색이었다. (아마도 노란색이 주변의 붉은빛에 대비되어 연두색으로 보였던 것 같다.)

이후 짧은 기간 동안 노루꼬리를 여러 번 볼 수 있는 기회가 있었다. 2020년 가을이었다. 코로나19로 사람들의 활동이 줄어들자 공기가 깨끗해졌는지, 가으내 맑은 날이 계속됐다. 당시에 노을 사진을 매우 많이 찍었는데, 너무 많이 찍다 보니 막상 사진을 보지는 못하고 컴퓨터에 저장해 둘 수밖에 없었다. 그러다가 이 책을 쓰면서 그때 찍은 사진을 보니, 노루꼬리가 사진에 몇 번 찍혔다. 아쉽게도 맨눈으로 보기에

**그림 4-9** 해의 마지막 모습(화성 탄도항). 언뜻 녹색으로 보이지만, 색상코드는 완전히 노랑이다.

는 너무 작았지만….

사진을 공부하기 시작한 지 얼마 되지 않았을 때, 열대의 노을이 엄청나게 화려하다는 이야기를 들었다. 그 이야기를 듣고는 노을 사진을 찍겠다고 여행을 떠났다. 세 번째 해외여행이자 혼자 하는 첫 번째 배낭여행이었다.

방콕에 들렀다가 바로 태국 동쪽의 꺼창으로 갔다. 꺼창에 도착한 첫날 해질녘에 카메라와 삼각대를 챙겨들고 해넘이가 잘 보일 장소로 찾아갔다. 그러나 노을은 보이지 않았다. 주민들은 노을이 지지 않는다고 했다. 왜일까? 포기해야 하나 싶었다. 두 번째 날 저녁에도 가봤지만 역시 별 거 없었다. 문제는 헤이즈였다. 열대지방이라 수증기가 너무 많아서 해가 수평선과 만나기 훨씬 전에 사라졌다. 햇빛이 미 산란을 일으키는 것이었다.

세 번째 날 저녁은 그냥 포기하고 카메라만 가지고 해변으로 갔다. 해넘이는 역시 별 것 없었다. '응? 잠깐만! 해가 분명 사라졌는데… 저건 뭘까?' 갑자기 서쪽 하늘의 헤이즈에 구멍이 뻥 뚫리더니 빨간 노을이 나타났다. '우와!'

하늘 전체가 붉어졌다. 해변 그리고 뒤쪽의 산까지도 순식간에 붉어졌다. 열대지방 노을이 화려하다는 말은 사실이었다. 삼각대가 없어 아

**그림 4-10** 태국 꺼창의 저녁노을

쉬웠지만, 신나게 사진에 담았다. 지나가던 현지인은 자기들도 그런 노을을 본 적이 없다고 했다. 아마도 관광객을 위한 하얀 거짓말이었을 것이다. 하지만 현지에서 사진을 찍어 엽서나 액자로 만들어 파는 가게에 노을 사진이 없던 걸 보면, 화려한 노을은 굉장히 드문 것 같았다. 카메라 액정으로 찍었던 사진을 보여주니 엄청 부러워했다.

여기에서 이야기가 끝났으면, 꺼창 여행의 결말은 엄청 운이 좋았던 행복한 여행이었을 것이다. 하지만 당시 나는 짐을 덜 목적으로 컴퓨터 없이 usb 하드 하나만 달랑 갖고 다녔다. 현지의 PC방을 이용해 usb 하드에 영상을 백업했다. 노을을 본 다음날 앙코르와트로 가려고 국경 도시 아란으로 갔다. 거기에서 PC방에 들러 백업을 했는데, 싸구려 PC

가 내 소중한 노을 사진을 날려버렸다. 복구프로그램을 돌려서 겨우겨우 조금 살려냈다. (무의미하게 깨져버린 그때의 사진파일을 지금도 못 지우고 갖고 있다.) 이후 열대지방을 여러 곳 다녔지만, 꺼창에서 본 노을만큼 화려한 노을을 다시는 보지 못했다.

# 5장

# 아침노을과
# 저녁노을은 왜 다를까?

아침노을과 저녁노을을 본 적이 있는 사람이라면, 두 노을이 확실히 다름을 알 수 있을 것이다. 저녁노을은 부드럽고 붉은 데 비해, 아침노을은 덜 붉고 날카롭다. 빛내림도 저녁보다 아침에 더 많이 생긴다. 아침노을과 저녁노을을 분광한 스펙트럼을 봐도 그 차이를 알 수 있다.

그렇다면 아침노을과 저녁노을은 왜 다른 것일까? 초등학교 4학년 때 학급문고에서 읽었던 과학책에서는 먼지 그리고 사람의 눈에 차이가 나서 아침노을과 저녁노을이 다른 것이라고 했다. 그게 정답일까? 신이 그걸 답이라고 말한다 해도 미심쩍게 생각했을 것이다. 책을 읽었던 당시 나는 혼자서 고민해보았다. 좀 궁색한 설명으로 보였다. 그러나 초등학생이 할 수 있는 생각이란 뻔하다. 해답에 대해 제대로 고민하기도 전에 노을은 잊혔다. 호기심은 늘 새로운 것으로 대체되기 마련이니까!

잊혔던 노을에 대한 호기심은 가끔 다시 찾아왔지만, 머릿속에 그리

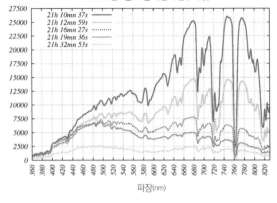

2010년 8월 14일 해넘이 전후의 빛

| | 21h 10mn 37s |
| | 21h 12mn 59s |
| | 21h 16mn 27s |
| | 21h 19mn 36s |
| | 21h 32mn 53s |

파장(nm)

**그림 5-1**
저녁노을 분광스펙트럼.[1]
해넘이부터 매직아워까
지의 빛의 특성. 노을이
질 때 빨간빛이 강하게
나타난다. 해가 진 직후에
빨간 빛은 금방 사라지고
푸른 빛이 더 강해진다.

오래 머물지는 않았다. 그러다가 취미로 사진을 찍기 시작하면서 호기
심이 다시 찾아왔는데, 이번에는 오래 머물렀다. 노을 사진을 찍을 때마
다 '왜 저녁노을과 아침노을이 차이가 날까' 하는 궁금증은 더 커졌다.

일상적으로 관찰되는 현상은 그리 어렵지 않게 설명되는 경우가 많다.
현상을 관찰하고 설명하려 했던 사람이 많았기 때문에 이미 누군가는
답을 찾았을 것이다. 답이 알려져 있지 않다면, 찾은 답을 다른 사람에게
이야기할 필요가 없을 정도로 쉬운 현상일 가능성이 크다. 그러나 관찰
한 현상이 알려진 답도 없는데, 답을 알아내지도 못하겠다면 이미 수많

---

**1**  출처: https://www.researchgate.net/figure/Rapid-evolution-of-the-solar-spectrum-
during-sunset-on-2010_fig17_280013593

은 사람이 설명하려고 시도했다가 실패한 현상일 가능성이 크다. 얼음이 미끄러운 이유, 음펨바 효과, 비행기가 나는 원리, 스키를 신고 방향을 바꾸는 문제, 번개가 치는 원리, 비가 내리는 원리 등이 그런 것이다. 이런 문제는 쉬워 보이지만 아직 아무도 답을 찾지 못했고, 답을 찾으려 한다면 전문적인 연구소를 차려야 할 지경이다. 그러니까 잘 설명하지 못할 것 같으면 그냥 그러려니 하고 넘어가게 되고, 사실 그래도 된다.

우리가 지금 살펴보려는 노을 문제도 지금까지 수많은 사람들이 관심을 가졌지만 신통치 못한 답을 내놓고는 그냥 대충 넘어간 문제 중 하나이다. 사람들이 지금까지 내놓은 답이 어떤 것이었는지 살펴보자. 많은 사람이 답으로 내놓았던 것들은 신통치는 않더라도 많은 것을 알려주는 경우가 많으니, 분명 살펴볼 가치가 있을 것이다.

## 1. 아침노을은 왜 저녁노을보다 더 밝을까

눈은 이전에 처한 환경에 맞춰서 홍채를 조절한다. 전구가 발명되기 전까지는 주변 환경의 밝기가 갑자기 변하는 일은 좀처럼 없었기 때문에, 눈을 보호하는 유용한 방법이었다. 그래서 지금 보는 장면의 밝기는 이전에 봤던 장면의 밝기에 대비해서 결정된다.

한번 생각해보자. 밝은 곳에서 어두운 곳으로 가거나 어두운 곳에서 밝은 곳으로 갑자기 갈 때 잠시 제대로 보지 못한다. 어두울 때는 간상세포로 빛을 감지해야 하는데, 간상세포는 밝을 때는 빛을 너무 많이 받아서 아무런 역할을 하지 못한다. 그러므로 밝은 곳에서 갑자기 어두운 곳으로 가면 간상세포가 피로를 풀고 약한 빛에 다시 반응할 수 있게 되어야 볼 수 있다.

어두운 곳에서 밝은 곳으로 갈 때도 마찬가지다. 너무 강한 신호를 받은 간상세포의 반응을 정지시키고 나서야 원추세포로 빛을 감지한 신호를 뇌로 보낼 수 있다. 두 경우 모두 눈이 적응하는 데 어느 정도 시간이 필요하다. (2장에서 이야기했던 것처럼 자원을 절약하기 위해 원추세포를 두 가지 신경세포에 모두 연결해 놓았기 때문에 생기는 부작용이랄까?) 이런 현상을 암흑적응이라고 한다.

암흑적응은 군인에게 매우 중요하다. 군인은 훈련소에서 야간에 조명탄이 터졌을 때 암흑적응 현상을 줄이기 위해 한쪽 눈을 감으라고 교육받는다. 양쪽 눈으로 밝은 주변을 본다면 당장은 유리하겠지만, 조명탄이 꺼진 뒤에 최소한 10분은 주위를 제대로 볼 수 없어서 이어지는 전투에 불리하기 때문이다. 이 시간을 줄이기 위해 한쪽 눈은 밝은 환경에 노출시키지 않는 게 유리하다. 마찬가지 이유로 군인은 어두운 곳에서 플래시에 빨간색 필터를 끼워 쓴다. 간상세포는 빨간빛에 반응하지 않기 때문에, 빨간빛으로 어떤 물체를 보더라도 간상세포가 다시 암흑적응을 해야 할 필요는 거의 없다. 생각해보면, 간상세포가 빨간색에 반응하지 않는 것은 저녁노을이 진 직후에 적의 공격에 무방비할 수 있는 시간을 줄이기 위해 진화한 결과 같기도 하다. 강렬한 저녁노을을 보고 난 후인 것 치고는 날이 어두워질 때 암흑적응이 금방 되니까 말이다. 저녁노을이 붉은 것을 흉내 내어 저녁에 조명의 색온도를 높이면(조명을 붉게 바꾸면) 밤에 잠을 더 푹 잘 수 있게 된다고 한다. 그래서 어떤 회사는 오후 4시쯤에 조명의 색온도를 높여서 직원이 밤에 꿀잠을 자게 도와준다고 한다. 물론 이는 다음날 오전에 업무 효율성을 높이기 위한 방책이다.[2] 사물인터넷을 조명에 적용해 시간에 따라 조명의 색온도를 조절하는 기능을 만들면 좋을 것 같다.

이전에 있던 환경에 눈이 적응돼 있는 현상은 노을을 볼 때도 나타난다. 아침에는 방금 전까지 주위가 깜깜했기 때문에, 눈이 어두운 환경에 적응돼 있다. 그래서 노을이 상대적으로 밝게 보인다. 반면에 저녁에는 방금 전까지 환한 주위환경을 보고 있었기 때문에, 눈이 밝은 환경에 적응돼 있다. 그래서 노을이 상대적으로 어둡게 보인다. 결과적으로 저녁노을보다 아침노을이 더 밝게 보인다.


## 2. 주위 환경이 만드는 노을의 차이

해는 막대한 에너지를 지구로 보낸다. 이렇게 지구로 온 에너지로 인해 사방에 크고 작은 상승기류와 하강기류가 생기면서 이글거리는 아지랑이가 생긴다. 해가 있는 낮에는 밤보다 대기의 대류가 훨씬 활발하다. 거기다가 사람을 포함한 대부분의 생물은 낮에 주로 활동하기에

---

**2**  참고: 셜록현준 채널(https://youtu.be/7v8Djc8Yva0)

흙과 먼지가 많이 피어오르고, 이것들은 해 때문에 생긴 기류를 타고 하늘 위 몇 킬로미터 상공까지 올라간다.[3]

밤에는 햇볕이 없어서 대기가 안정되고, 생물의 활동도 줄어들어서 먼지가 덜 생긴다. 기온이 낮아져서 습도가 높아지기 때문에 공기 중의 수증기는 먼지와 엉겨 붙어서 땅으로 더 빨리 내려온다. 이런 차이 때문에 밤공기가 낮공기보다 더 맑다. 또, 아침에는 기온이 낮아서 상층과 하층의 온도 차이도 줄어든다. 앞에서 살펴봤듯이 고도 차이에 따른 온도 차이는 햇빛을 굴절시켜 여러 가지 광학현상을 일으키므로 온도 차이가 줄어들면 굴절이 적게 일어나서 빛의 진행경로가 직선에 가까워진다. 그렇기 때문에 저녁에 해넘이가 늦어지는 것보다 아침에 해돋이가 일러지는 시간이 짧은 것이다. 즉, 해넘이일 때보다 해가 높은 고도일 때(그래봤자 아직 수평선 아래에 있을 때지만) 수평선에서 떠오르기 시작한다. 이 차이는 햇빛이 대기를 지나오는 거리를 최소한 몇 킬로미터는 짧아지게 만든다. 대기는 보통 푸른빛 쪽을 더 많이 산란시키므로, 지나오는 대기의 거리가 짧으면 푸른빛이 상대적으로 적게 산란되어 해 주변에 붉은 기운이 적게 보인다.

〈그림 5-2〉는 이집트 백사막에서 찍은 해넘이와 해돋이 사진이다. 카메라 설정값과 렌즈 상태가 다르긴 하지만, 색조와 느낌이 다른 건

---

**3** 비슷한 현상이 있다. 낮은 고도로 움직이는 하층제트기류와 정체전선이 겹치면 폭우가 내린다. 이때 낮에는 햇볕에 의해 작은 대기순환이 많이 생기므로, 하층제트기류는 작은 대기순환에 방해받아서 약해지고, 밤에는 거의 방해받지 않아서 강해지므로, 낮보다 밤에 비가 더 강하게 온다.

**그림 5-2**    (위) 이집트 백사막 저녁노을 사진

(아래) 이집트 백사막 아침노을 사진

확실히 알 수 있다. 아침에는 산란이 덜 되기 때문에, 광원이 더 집중되어 쭉 뻗어나가는 햇살이 저녁보다 더 잘 보인다. 그래서 해넘이 사진보다 해돋이 사진에서 햇살이 더 날카롭게 찍히고, 오후보다 오전에 빛내림이 더 잘 생기는 것이다.

보통 이 두 가지 이유 때문에 아침노을보다 저녁노을이 더 붉고 어둡게 보인다.

그러나 눈 때문에 아침노을이 저녁노을보다 더 밝게 보이는 것이라면, 카메라를 똑같이 설정해서 사진을 찍었을 때 아침노을이 저녁노을보다 더 밝게 찍히는 건 설명할 수 없다. 또 낮 동안 피어오른 먼지 때문에 저녁노을이 더 붉게 보이는 것이라면 먼지가 없는 바다 위에서는 영향이 거의 없어야 할 것이다. 더군다나 피어오른 먼지는 보통 높게 올라가지 않을뿐더러, 저녁에 피어올랐던 먼지가 아침까지 땅으로 모두 가라앉을 정도라면 레일리 산란을 일으키기엔 입자가 너무 크다는 말이 된다. (빛을 산란시키는 먼지는 크기가 매우 작아서 우주에서 땅까지 내려오는 데 몇천 년씩 걸린다는 걸 상기하자.) 그러니까 이런 이유는 시답잖은 것이며, 다른 이유가 있을 것이다.

●

아침노을과 저녁노을이 차이나는 이유에 대한 답을 떠올린 뒤부터, 12시간 간격으로 아침노을과 저녁노을 사진을 같은 장소에서 찍어서 비교해 보겠다고 생각하고는 한동안 사진을 찍으러 다녔다. 그런데 우리 나라는 날씨 변화가 너무 심하고, 헤이즈도 심해서 아침과 저녁에 연속 으로 수평선이나 지평선과 닿는 해를 보기는 힘들다.

'이러다가는 한 번도 성공하지 못하겠다!'

이런 생각을 하던 중에 2010년에 갔던 이집트 여행이 떠올랐다.

이집트 여행은 첫 해외여행이었던 터라 해외여행에 일가견이 있는 친 구를 졸래졸래 따라다녔다. 도착한 이집트는 한밤중이었다. 공항 입구를 나서자마자 어떤 택시기사가 자기 차를 타라고 한마디 하며 조르는 찰 라, 어디선가 경찰이 나타나서 호객행위를 하던 택시기사를 잡아가 버 렸다. 이집트에 대한 첫인상, 아니 해외여행에 대한 첫인상은 그러했다.

우리는 50년 만의 폭우가 내렸다고 난리를 피우던 그곳에서 미리 예 약한 숙소에서 보낸 차를 기다렸다. 비 때문에 늦었다며 사과하는 그 차

**그림 5-3**　이집트 흑사막에서 찾은 50년 만에 내린 폭우의 흔적

**그림 5-4** 어린왕자가 사랑했을 것 같은 사막여우 바위. 사막에서 흔히 볼 수 있는 버섯바위다.

를 타고 숙소까지 가는 동안 도로 갓길에는 사고가 난 차량이 즐비하게 서 있었다. 카이로에서 2박 1일을 보낸 뒤에 백사막(White desert)으로 가는 일정을 시작했다. 바하리야 오아시스(Bahariya oasis)로 가는 버스는 내게 사막을 인사시켜줬다. 고왔다. 누군가가 소설에 이렇게 썼다. '사막이 고운 건 어딘가에 오아시스를 품고 있기 때문이다.' 오아시스라는 건 어떨까? 우리가 도착한 오아시스는 특이할 건 없었지만 정말 신비로웠다.

다음 날 아침에 해돋이를 구경하러 동네를 나섰다가 사진잡지에 나올 것 같은 풍경을 만났다. 사막답게 먼지가 장난 아니게 일었다. 아침에 먹을 걸레빵을 한아름 사가지고 가는 꼬마도 여럿 있었다. '걸레를 닮아서 걸레빵인가? 만들 거면 좀 맛있어 보이게 제대로 만들지'라고 속으로 생각했다. 숙소로 돌아와 보니 우리 아침도 걸레였다. 아침을 먹고는 일행과 함께 백사막으로 출발했다.

백사막은 8천만 년 전에 바다였다. 바닷속에 살던 생물 잔해가 퇴적되어 300미터 두께의 석회층이 생성된 뒤 그 위에 다른 물질, 석영이 퇴적됐다. 가까운 곳에서 화산이 폭발해서 용암이 위를 뒤덮었고, 덕분에 석회층 성분이 열을 받아서 생석회로 변했다. 3천만 년 전에 이 지역은 육지가 됐고, 그때부터 침식되기 시작하여 이제는 생석회 지층이 땅거죽으로 드러나 하얀 지형이 형성되었다.[4]

백사막에 바람이 불면 어디선가 모래가 날아와서 생석회를 미세하게 조금씩 뜯어내 멋진 흰 사막을 만든다. 떨어져 나온 생석회는 느껴지지 않을 정도로 아주 미세한 가루가 되어 입 안으로 들어와 침이 미끄덩거리게 만든다. 이렇게 백사막이라 불리는 지역은 아주 조금씩 위치를 옮긴다. 나중에 다시 백사막에 간다면, 이전에 갔던 곳은 평범한 사막으로 변해 있을 테고, 사람들은 그보다는 동남쪽지역을 백사막이라 부를 것이다. (이집트는 겨울에는 편서풍 지대라 서풍이, 나머지 계절에는 사막이 뜨거워져서 북풍이 주로 분다.[5] 그래서 백사막은 동남쪽으로 움직여간다.)

그곳에서 찍은 저녁노을과 아침노을 사진을 꺼내봤다. 당시에는 촬영장비도 별로였고, 또 사진을 공부한 적이 없던 때라서 사진은 형편없지만 아무튼 저녁과 다음날 아침에 찍은 노을 사진이 있었다. 언젠가 다시 가서 제대로 찍어보고 싶다.

---

4  https://www.sis.gov.eg/story/97508 그리고 https://www.geologypage.com/2013/04/white-desert-farafra-egypt.html 참조

5  https://ko.weatherspark.com/y/96939/이집트-카이로에서-년중-평균-날씨)

**6장**

도플러효과와 노을

파동 현상을 공부할 때는 주파수를 기준으로 잡으면 여러 가지를 간단하게 따질 수 있다. 주파수가 절대로 변하지 않기 때문이다. 그러나 도플러(Johan Chrstian Doppler)는 파원과 관찰자가 매질에 대해서 움직이면 파동의 주파수가 변할 것이라 생각했다. 이렇게 주파수가 변하는 현상을 도플러효과(Doppler effect)라고 한다.

도플러효과는 이해하기가 쉽지 않다. 특히 빛이 일으키는 도플러효과는 매질이 관여되지 않아 환경을 따지기는 쉽지만, 대신 상대성이론이 작용하기 때문에 전체적으로는 이해하기가 훨씬 어렵다.

고등학교 때 처음으로 도플러효과를 배우고 나서, 며칠 뒤에 도플러효과와 지구의 자전을 연관시켜서 생각해 보았다. 해와 관찰자는 아침에는 가까워지고, 저녁에는 멀어지므로 햇빛에 도플러효과가 일어날 것이라 생각했다. 그러나 빛이 일으키는 도플러효과는 배우지 않아서 정확히 알 수는 없었다. 도플러효과는 얼마나 일어날까?


# 1. 파동

우선 도플러효과가 얼마나 일어나는지 알려면 파동에 대해 알아야 한다.

파동은 에너지와 운동량이 이동하는 현상이다. 정보도 전달된다. 그러나 어떤 현상이 전달되는 건 포함되지 않는다. 예를 들어 우리가 플래시를 달에 비추며 흔든다면, 플래시를 출발한 빛이라는 파동은 달 위까지 전달될 것이다. 또한 플래시가 흔들리는 정보도 플래시빛을 통해서 달로 전달된다. 그러나 플래시가 흔들리는 것 자체는 파동과 관련이 없다. 따라서 플래시가 달 위를 비추는 부위가 바뀌는 것도 파동과 관련이 없다. 플래시의 흔들림이 전달되는 것은 달의 한 지점에서 볼 때 플래시가 깜빡이는 정보일 뿐이다. 따라서 달에 비치는 플래시 불빛의 초점이 빛보다 빨리 움직여도 상대성이론을 깨트리는 것은 아니다.

관찰자는 현재 자신이 위치한 곳을 지나는 파동의 파면 변화만 알 수 있다. 그중에도 파면이 반복되는 횟수, 즉 주파수는 관찰자가 가장 쉽게 알 수 있는 정보다. 주파수는 매질이 변해도 바뀌지 않는다. 일반적인 물리계에서 파동의 요소 중 절대로 변하지 않는 것은 주파수밖에 없다.

파동이 움직이는 속도는 균일한 매질 속에서는 항상 같으므로, 주파수는 파동의 위상이 같은 지점의 간격으로 바꿔 생각할 수 있다. 이 간격을 파장이라고 부른다. 파장과 주파수의 관계는 간단한 공식으로 나타낼 수 있다.

$$v = f \cdot \lambda$$

$v$ : 파동의 속력,  $f$ : 주파수,  $\lambda$ : 파장

이 공식은 빛과 중력파를 포함한 어떤 파동에도 쓸 수 있다.

## 2. 도플러효과

앞에서도 말했듯이, 주파수는 보통 변하지 않기 때문에 파동현상에 대해 생각할 때 기준으로 삼으면 좋다. 그런데 도플러효과는 주파수가 변한다. 파원과 관찰자가 매질과 관련하여 상대적으로 움직일 때 주파수와 파장이 변하는 현상이다. 공식은 아래와 같다.

$$f' = f \times \frac{1 \pm \dfrac{v_o}{v}}{1 \mp \dfrac{v_s}{v}} \quad \text{또는} \quad f' = f \times \frac{v \pm v_o}{v \mp v_s}$$

$f$ : 파원이 일으킨 파동의 주파수,  $f'$ : 관찰자가 관찰한 파동의 주파수,
$v$ : 파동의 속력, $v_o$ : 파원이 움직이는 속력, $v_s$ : 관찰자가 움직이는 속력

이 수식을 놓고 볼 때, 주파수는 파원과 관찰자가 가까워지는 쪽으로 움직이면 높아지고, 멀어지는 쪽으로 움직이면 낮아진다.

우리는 도플러효과에 대한 경험을 다들 갖고 있다. 예를 들어, 앰뷸런스가 옆을 지나갈 때, 지나치기 전에는 경보음이 높은 음으로 들리다가 지나칠 때 갑자기 낮은 음으로 바뀐다는 이야기는 여기서 따로 설명할 필요도 없을 정도로 너무나 유명하다. 보통 자동차나 전철 소리에서도 똑같은 변화를 느낄 수 있는데, 우리는 그 소리를 듣고 그냥 도착하는 소리, 출발하는 소리라고 생각한다. 수영을 즐기는 사람이라면, 해안에서 몰려오는 파도를 따라가느냐, 거슬러 가느냐에 따라 파도의 주기가 바뀌는 경험을 했을 것이다.

## 3. 빛 도플러효과

파동의 전파속도가 빠르거나 광원과 관찰자가 움직이는 속력이 빨라지면 도플러효과는 사용할 수 없다. 우선 전자기파나 중력파는 빛의 속도로 움직이며, 어떤 움직이는 관성계에서 측정하더라도 속도가 변하지 않는다. 또한 광원이나 관찰자가 빠르게 움직일 경우에는 아인슈타인의 상대성이론에 의해서 움직이는 속도에 따라 시간이 느리게 흐른다는 걸 무시할 수 없다. 따라서 고전적인 도플러효과 공식을 쓸 수 없다. 그래서 빛에 맞는 도플러효과 공식을 새로 만들었다.

$$f' = f \times \sqrt{\frac{1 - \dfrac{v}{c}}{1 + \dfrac{v}{c}}} \quad \text{또는} \quad f' = f \times \sqrt{\frac{c - v}{c + v}}$$

$f$ : 광원에서 출발한 빛의 주파수, $f'$ : 관찰자가 관찰한 빛의 주파수,

$c$ : 빛의 속력, $v$ : 광원과 관찰자 사이의 상대속력

빛 도플러효과는 간단하게 광원과 관찰자의 상대속력에만 관계된다. (파원과 관찰자 사이의 속도 또는 속력은 멀어지는 방향을 기준인 +로 삼는다.) 따라서 광원과 관찰자가 가까워지면 $f'$가 커지므로 파란색으로 치우쳐 보이는 파랑 치우침(청색편이)이 일어나고, 멀어지면 $f'$가 작아지므로 빨간색으로 치우쳐 보이는 빨강 치우침(적색편이)이 일어난다.

## 4. 가로 도플러효과

앞에서 우리는 상대성이론이 유발하는 빛 도플러효과를 살펴봤다. 움직이는 물체는 시간이 느리게 흐르고, 빛의 속도는 항상 일정하기 때문에 광원과 관찰자 사이의 거리가 달라질 때는 주파수가 달라진다는 의미였다. 그런데 상대성이론에 의하면 광원과 관찰자 사이의 거리가 변하지 않은 채 움직여도 시간지연 효과가 일어난다.

광원이 관찰자를 중심으로 원운동을 한다고 생각해보자. 움직이는 물체는 시간이 느리게 흐르므로, 이 물체가 방출한 빛은 시간이 더 빠르게 흐르는 관찰자가 보기에 느리게 진동하는 것으로 관찰된다. 예를 들어 2Hz로 깜빡이는 광원, 그러니까 1초에 두 번씩 깜빡이는 전구가 빠르게 움직여서 관찰자보다 시간이 절반 속도로 흐른다고 생각해보

자. 관찰자가 보기에는 1초에 한 번씩 깜빡이는 것, 즉 1Hz로 깜빡이는 것으로 보일 것이다. 명백히 빨강 치우침이 일어나는 것이다. 이 효과는 관찰자와 움직이는 광원 사이의 거리가 변하지 않더라도 일어나기 때문에 앞에서 살펴본 빛 도플러효과와 구분해서 가로 도플러효과(Transverse Doppler effect)라고 부른다. 계산공식은 아래와 같다.

$$f' = f_0 \times \sqrt{1 - \frac{v^2}{c^2}}$$

가로 도플러효과와 비교해서, 앞에서 살펴봤던 빛 도플러효과를 평행 도플러효과(Relativistic longitudinal Doppler effect)라고 부른다.

## 5. 중력 도플러효과

사고실험을 하나 해보자.[1] 무거운 천체 위에 입자-반입자 쌍이 있다. 이 두 입자는 충돌하여 두 개의 빛알이 되고, 어떤 경로를 거쳤는지는 모르겠지만 우주로 나가서 다시 만나 입자-반입자 쌍이 된다. 그런데 만약 빛이 중력의 영향을 받지 않는다면 어떻게 될까? 입자-반입자 쌍이 중력의 영향을 받지 않고서 중력에너지가 낮은 곳에서 높은 곳으로 이동한 셈이 되므로 에너지보존법칙이 성립하지 않는다. 따라서 에너

---

1  여기에서 하는 사고실험은 오늘날의 관점이 반영돼 있다. 당시의 관점을 반영하면 사고실험이 지저분해진다.

지보존법칙이 성립하기 위해서는 빛도 중력의 영향을 받아야 하며, 중력에 의해 에너지가 변한 만큼 빛 에너지도 변해야 한다.

미첼(John Michell)은 1783년에 매우 무겁고 크기가 작아서 탈출 속도가 매우 큰 별에서 빛이 탈출하는 사고실험을 했다. 뉴턴의 빛 입자론을 바탕으로 생각할 때, 결과적으로 매우 무겁고 작은 별에서 출발한 빛은 우주로 나가지 못하고 다시 별로 떨어질 것이다. 질량이 해와 같은 별이 반지름 18.5킬로미터보다 작으면 벌어질 일이었다. 미첼은 이런 별은 방출하는 빛이 없을 테니까 당연히 관측할 수 없을 것이고 따라서 우주에 얼마나 있는지 알 수 없을 것이라는 결론을 얻었다. 그래서 이 별에 밖에서는 보이지 않는다는 의미에서 '검은별(Dark star)'이라고 이름 붙였다.

하지만 영(Thomas Young)이 1801년에 빛의 이중슬릿 실험을 한 뒤에 파동론이 대세가 되면서 미첼의 생각은 버려졌다. 사고실험에서 살펴봤듯이, 빛이 파동이더라도 중력의 영향을 무시하면 에너지보존법칙을 설명할 수 없다. 하지만 당시에는 아무도 이걸 신경 쓰지 않았다.

이 문제는 아인슈타인이 일반상대성이론을 발표한 뒤인 1916년에야 풀린다. 일반상대성이론은 시공간이 휘어 중력장이 만들어진다는 이론이다. 다른 말로 하면, 시공간이 많이 휠수록 중력이 강한 것이며, 반대로 중력이 강할수록 시간이 느리게 흐른다. 이럴 경우 어떻게 될까? 제1차 세계대전에 병사로 참전하고 있던 슈바르츠실트(Karl Schwarzschild)는 아인슈타인의 일반상대성이론을 보자마자 회전하지 않고, 전하를 갖지 않는 별 주위의 시공간 곡률을 계산했다. 그 결과 매우 무겁고 작은 별의 시공간 곡률은 자체로 닫힐 수 있다는 것을 발견한다. 바로 블랙홀(Black hole)이다. 슈바르츠실트는 이에 대한 두 편의 논문을 1916년에 아인슈타인에게 보낸다.[2]

중력이 강한[3] 곳은 보통의 우주공간보다 상대적으로 시간이 느리게 흐르므로, 중력이 강한 곳에서 보통의 우주공간으로 움직이는 빛은 점차 시간이 빨리 간다. 이 말은 앞서 출발한 파면이 뒤에 출발한 파면보다 더 빨리 움직인다는 말이고, 파면 사이의 거리가 점점 멀어진다는 뜻이다. 파면 사이의 거리가 멀어진다는 말은 진동수가 작아지고, 에너지가 작아지는 빨강 치우침이 일어난다는 뜻이다. 물론 중력 에너지 차이가 빛의 에너지보다 크다고 미첼의 생각처럼 빛이 다시 별로 떨어지는 것은 아니다. 그럴 정도로 중력이 강하다면 시공간이 닫혀서 애초에 사건이 발생하지도 않는다. 이건 블랙홀이 미첼의 검은별과 기본적인 아이디어는 비슷하지만 같은 별은 아니라는 것을 말해준다.

반대로 중력이 약한 곳에서 강한 곳으로 빛이 움직여갈 때는 파랑 치우침을 일으킨다. 이처럼 중력에 의해 파장이 변하는 것을 중력 도

---

**2** 슈바르츠실트는 아인슈타인에게 논문을 보내고, 넉 달 뒤에 병으로 전사한다. 당시는 인재의 소중함을 모르던 시대였기 때문에 모든 사람을 평등하게 전쟁터로 보내던 시대였다. 이런 인재를 전장에 보내지 않고, 특별한 일을 하도록 만든 것은 제2차 세계대전부터였다. (물론 여러 가지 어려움을 겪었던 우리나라는 그보다 훨씬 늦었다.)

**3** 다양한 크기와 질량의 별에서 다양한 속도로 움직이며 일어나는 현상을 살펴볼 때는 '중력이 강한'이라는 말보다 더 엄밀한 표현을 써야 한다. 다만 이 책에서는 통상적인 이 표현을 그냥 썼다.

플러효과(Gravitational Doppler effect)라고 부른다.

만약 두 천체가 서로 빛을 주고받는다면 어떻게 될까? 이때는 두 천체의 중력에 따라 도플러효과가 나타난다. 간단히 에너지보존법칙만 고려한다면, 중력이 강한 별에서 약한 별로 간 빛은 빨강 치우침을, 중력이 약한 별에서 강한 별로 간 빛은 파랑 치우침을 일으킨다. 마찬가지로 블랙홀이나 중성자별 같은 무거운 별을 지구에서 관측하면 항상 빨강 치우침이 일어난 상태로 관측된다. 무거운 별에서 우주를 관찰하면 파랑 치우침이 일어날 것이다.

영화 〈인터스텔라〉를 생각해보자. 블랙홀 가르강튀아 근처에는 밀러의 행성이 돌고 있다. 밀러 행성에서 1시간이 흐르면 지구에서는 7년이 흐른다고 한다. 이 시간의 비라면, 2.725K인 우주배경복사만 하더라도 표면온도가 수십만 K인 별에서 방출되는 빛 정도로 파랑 치우침을 일으킨다. 막 생겨난 백색왜성이나 중성자별 옆에 있는 것처럼 엄청난 에너지의 X선이나 감마선으로 찜질당하는 것이다. 밀러 행성이 존재할 수 있을까? 블랙홀의 조석력 때문에 부서질 확률이 높겠지만, 그렇지 않더라도 우주배경복사만으로도 원자 하나하나가 이온화되어 금방 사라질 것 같다.

지구에서도 중력 도플러효과가 일어난다. 현재는 지표면에서 10센티미터 높이의 차이가 일으키는 빛의 파장 치우침을 측정할 수 있다.

# 6. 도플러효과의 응용

도플러효과는 천문학에서 특히 유용하게 쓰이지만, 그 외의 분야의 학문이나 일상생활에서도 많이 쓰이고 있으며, 앞으로 점점 더 많이 쓰일 것이다. 그런 점에서 도플러효과는 잘 알아둘 필요가 있다. 그렇다고 당장 도플러효과를 완벽하게 이해하려고 할 필요는 없다. 그냥 이런 게 있다는 정도로 알아두는 일을 반복하다보면 나중에는 충분히 이해할 수 있지 않을까?

## 허블-르메트르 법칙

대학에서 천문학을 공부한 헨리에타(Henrietta Swan Leavitt)는 하버드 칼리지 관측소에서 찍은 사진 건판에서 별 밝기를 측정하는 일을 했다. 그는 사진 건판에서 별 밝기를 결정하는 새로운 방법을 알아내어 수없이 많은 별의 밝기를 측정하였고, 그 과정에서 2400개도 더 되는 변광성을 발견했다. 변광성 중에는 마젤란 성운에 있는 것만 모아서 밝기와 변광 주기 사이에 일정한 관계가 있는 종류가 있다는 것을 알아냈다. 이런 변광성을 지금은 세페이드 변광성이라고 부르는데, 밝기와 주기를 측정하면 그 별까지의 거리를 알 수 있다.

헨리에타가 일하던 시기의 고해상도 망원경만 되더라도 몇억 광년 떨어져 있는 은하 안의 별을 따로따로 볼 수 있었다. 당시 세계에서 가장 큰 망원경인 윌슨 산의 100인치 망원경으로 연구하던 허블은 세페이드 변광성을 관측해서 멀리 있는 천체일수록 더 빨리 멀어진다는 것을 알아낸다. 이것을 허블-르메트르 법칙(Hubble-Lemaître law)이라고 한다. 공식은 간단하다.

$$v = H \cdot r$$

$v$ : 후퇴속도, $H$ : 허블상수, $r$ : 거리

허블의 법칙을 반대로 이용하면, 천체의 후퇴속도를 도플러효과로 측정하여 천체까지의 거리를 간단히 계산할 수 있다. 세페이드 변광성 연구 초기에는 세페이드 변광성이 두 종류가 있다는 것을 몰라서 시행착오를 거치기도 했다.[4]

상대성이론에 의하면 빛보다 빨리 움직이는 것은 없으므로, 빛의 속도로 움직이는 물체의 위치가 우주의 끝일 것이다. 그러므로 허블의 법칙으로 계산하면 우주의 크기를 간단히 알 수 있다. 우주의 크기를 알면 우주의 나이도 알 수 있다. 그래서 많은 천문학자들이 허블상수, 즉 후퇴속도와 거리의 비를 정확히 측정하기 위해 연구하고 있다. 우주의 크기, 그리고 그것으로 계산할 수 있는 우주의 나이만큼 궁금

---

**4** 세페이드 변광성에 대해서 잘 모르는 건 지금도 마찬가지다. 우선 세페이드 변광성이 왜 저런 특성을 보이는지 모른다. 그리고 알 수 없는 현상이 계속 발견되기도 한다. 예를 들어 북극성도 세페이드 변광성인데, 연구 초기에는 비교적 변광주기가 짧고, 밝기도 어두웠었는데, 지금은 주기가 길어졌고, 심지어 1928년에는 변광주기가 순식간에 2.3분이 길어지기도 했다. 이제는 밝기도 밝아진 반면에 변하는 밝기 차이는 거의 없어서 보통 별처럼 변했다.

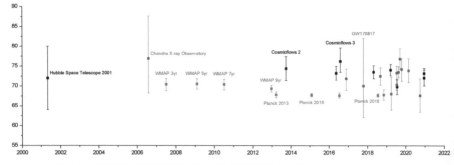

**그림 6-1**    지금까지 측정한 허블상수(출처: 영문위키 Hubble's law)

한 건 없으니까….

하지만 허블상수를 측정하는 건 매우 어렵다. 천체들은 원래부터 운동 방향이 제각각인데다가, 다른 천체의 중력을 받아 제각각 다르게 가속되고 있기 때문이다. 또한 천체와 우리가 사는 지구 사이의 중력 차이나 운동에 의한 파장 치우침 같은 현상도 고려해야 한다. 따라서 도플러효과로 측정한 후퇴속도와 세페이드 변광성의 주기로 측정한 거리를 그래프로 그리면 직선이 아니라 약간 흐트러진 형태가 된다.

지금까지 가장 정확하게 측정한 허블상수는 2018년에 유럽 우주국의 플랑크 위성이 측정한 $67.40 \pm 0.5 \text{km/s/Mpc}$이다. 이 측정결과들은 우주의 크기가 138억 광년쯤 된다고 이야기한다.[5]

〈그림 6-2〉는 나사의 허블 우주망원경으로 촬영한 울트라 딥 필드

---

**5**    하지만 〈그림 6-1〉의 허블상수 측정 그래프를 보면 알 수 있듯이, 각각의 측정방법에 따른 측정결과는 각각의 오차의 한계 안에서 같은 이야기를 하는데, 다른 측정방법의 측정결과끼리는 서로 오차의 한계 밖에서 다른 이야기를 한다. 아직 밝혀지지 않은 무언가가 있는 게 분명하다.

(Hubble Ultra Deep Field) 사진이다. 사진 속 원 안의 붉은 점은 각각이 하나의 은하이다. 은하가 어찌나 빨리 멀어지는지 붉은색도 거의 보이지 않는다. 녹색 원은 빨강 치우침 $z$가 8 정도인 은하이고, 빨간 원은 빨강 치우침이 더 심한[6] 은하이다. 은하의 붉은 빛은 원래 천체에서 출발할 때는 자외선이나 X선이었는데, 도플러효과에 따른 빨강 치우침 때문에 우리에게는 붉은 가시광선이나 적외선으로 관측되는 것이다. 우주가 생긴 이후 우리가 사는 시공간은 약 138억 년이 흘렀지만, 위 사진 속의 작은 은하는 고작 몇억 년이 흘렀을 뿐이다. 따라서 시간이 흐르는 속도의 차이가 불러오는 도플러효과의 영향이 큰 것은 당연하다.

우주가 처음 생긴 뒤, 38만 년이 지났을 때 우주의 온도는 3000K까지 낮아졌다. 이때 우주가 처음 투명해졌다. 이후에 지금까지 우주가 계속 팽창해왔기 때문에, 우주가 투명해졌을 때 있었던 빛은 지금까지 팽창하는 우주 공간 안을 계속 움직이고 있다. 이 빛을 우주배경복사(cosmic microwave background radiation)라고 한다. 우주배경복사는 시공간을 좇아온 시간이 길었던 만큼 도플러효과가 일어나 에너지가 줄어들었다.

지금 남아있는 우주배경복사는 온도가 2.725K인 흑체에서 나오는 빛과 에너지 분포가 거의 같다. 가장 강한 빛의 파장이 2mm이다. 우주가 처음 투명해진 뒤 1100배나 온도가 낮아진 것이다. 우주배경복사 에너지는 시간이 지날수록 더 빨리 도망가던 공간을 좇아 여행하게 될

---

**6** 나중에 z가 11 이상인 은하도 있다는 것이 밝혀졌다. (제임스 웹 우주망원경으로 관측한 결과는 z가 13 이상인 것도 발견됐다.)

**그림 6-2** 허블 우주망원경으로 촬영한 울트라 딥 필드(Hubble Ultra Deep Field; HUDF). 현재까지 촬영된 가장 중요한 천문학 사진 중 하나가 아닐까? (출처 : NASA)

테니 앞으로도 에너지가 계속 줄어들 것이다.

참고로, 1992년부터 우주배경복사를 정밀하게 관측한 뒤에, 태양계의 움직임에 의한 도플러효과나 각종 천체가 뿜어내는 전자기파 등의 잡음을 모두 제거했지만, 10만 분의 1 규모의 편차가 제거되지 않고 남았다. 나중에 알고 보니, 이 편차는 우주가 처음 생길 때 양자역학의 불확정성 때문에 완전히 균일하지 않아 남은 흔적으로 여겨졌다. 이 불균일함은 오늘날의 천체, 또 우리가 생긴 이유를 설명해준다.

하지만 그게 전부가 아니다. 우주배경복사 지도의 오른쪽 아래에 있는 짙은 푸른 점 등은 주위보다 밀도가 30퍼센트나 낮다. 물질이 이 정도로 적은 공간이 있는 이유를 현대우주론으로는 설명할 수 없다. 암흑에너지 같은 게 있다고 해도 또 없다고 해도….

## 별의 자전과 공전

어떤 별은 자전 속도가 매우 빠르다. 또 짝별을 이루는 별은 서로의 거리가 가까울수록 빠르게 공전한다. 이럴 경우에 도플러효과가 영향을 미치지 않을까?

별빛을 분광할 수 있게 되면서 자전에 의해 도플러효과가 나타나는 별이 많이 관측됐다. 자전으로 도플러효과가 일어나는 별을 분광하면 빨강 치우침과 파랑 치우침이 동시에 나타난다. 물론 별의 각 부위에 따라 도플러효과가 나타나는 정도가 다르므로 특정 값으로 정확히 관측되는 것은 아니다. 보통은 자전속도가 빠를수록 흡수선의 폭이 넓

**그림 6-3** 플랑크 위성으로 측정한 우주배경복사(출처: ESA)

어진다. 이 흡수선의 폭을 측정하여 다른 요인으로 인해 넓어지는 양을 제외하면 순수하게 자전에 의한 도플러효과를 알아낼 수 있고, 자전속도도 알 수 있다.

별이 크고 자전속도가 빠르면 표면 가스가 쉽게 날리기 때문에 별의 대기가 많아진다. 표면온도가 높고, 별에서 바깥쪽으로 방출하는 빛에 의한 광압[7]과 원심력도 크기 때문에 별 표면이 불안정한 것이다. 이런 별은 주변으로 아주 많은 항성풍을 뿜어내므로 표면이 직접 보이지 않아서 자전에 의한 도플러효과를 관찰할 수 없는 경우가 많다. 따라서 자전에 의한 도플러효과는 자전속도가 빠르고, 별 크기가 크지 않은 경우에만 측정할 수 있다.

공전에 의한 도플러효과도 마찬가지다. 매우 빨리 공전하는 짝별은 두 별이 도는 상태에 따라 빨강 치우침과 파랑 치우침이 교대로 나타난다. 극도로 빨리 공전하는 별도 빨리 자전하는 별처럼 별 표면에서 많은 항성풍이 만들어져 직접 관찰하기 힘든 경우가 있다. 그러나 보통의 경우는 공전에 의해 물질이 사방으로 흩어지지 않는다.

도플러효과의 또 다른 사례인 별이나 은하의 제트(jet)도 2000년경부터 관측되고 있다. 어린별이나 블랙홀, 중성자별, 은하 중심의 초대질량 블랙홀은 주변에서 물질이 떨어질 때 각운동량도 함께 공급된

---

**7** 물질에 빛을 쪼일 때 빛이 전달하는 운동량에 의해 물질이 받는 압력. 밝은 별의 표면에 있는 물질은 중력과 별 안쪽에서 나오는 빛에 의해 받는 광압의 크기가 비슷하기 때문에 우주로 날려 항성풍이 되기 쉽다.

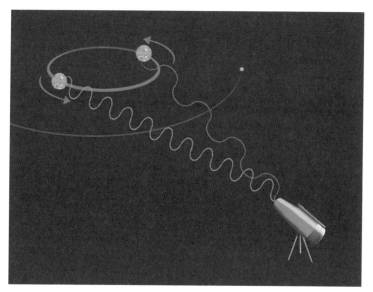

**그림 6-4**    공전에 의한 도플러효과(출처: NASA)

다. 그러나 각운동량이 커지면 자전속도가 빨라지면서 불안정해지므로, 제트를 자전축을 따라 극의 양쪽방향으로 빠르게 방출하며 각운동량도 함께 방출한다.[8]

중심별의 적도 방향에서 사진을 찍으면 제트가 양극 방향으로 대칭을 이뤄 분출되는 모습이 잘 나타난다. 그러나 적도 방향이 아닌 방향에서 촬영하면, 제트가 중심별에서 뿜어져 나오는 속도가 매우 빠르므로 사진에서 파랑 치우침과 빨강 치우침이 한 직선 위에서 나타난다. 파랑 치우침과 빨강 치우침이 너무나도 강해서 관측기기의 한계 때문

---

[8]   이렇게 설명하고 있지만, 사실은 제트가 어떤 얼개로 생기는지, 각운동량을 외부로 내보내는 게 맞는지 아직 모른다.

에 양쪽의 제트 중에 한쪽만 찍힌다. 이럴 경우에 양쪽 제트를 사진 한 장에 모두 담으려면 여러 관측기기로 따로 촬영하여 합해야 한다.

마지막으로 살펴볼 도플러효과의 예는 블랙홀이다. 지구에서 가장 강하게 관측되는 X선 천체는 백조자리 X-1과 우리은하 중심에 있는 초대질량 블랙홀이 있는 궁수자리다. 블랙홀에서 어떻게 X선이 방출되는 걸까?

블랙홀은 스스로는 아무것도 방출하지 못한다.[9] 에너지를 방출하는 것은 블랙홀로 떨어지는 물질이다. 블랙홀로 떨어지는 물질은 중력으로 엄청나게 가속되어 속도가 $c$에 가까울 정도로 빨라지며, 강력한 조석력으로 원자 단위까지 조각조각 분해된다. 이 물질은 블랙홀 주변을 돌며 강착원반을 형성한다. 블랙홀의 자전이 시공간을 휘저으면서 주변에 있는 물질을 같이 돌리기 때문에 떨어지던 물질이 레코드판처럼 모여서 빙글빙글 도는 것이다. 이때 강착원반 위에 있는 물질은 서로 비벼지고, 블랙홀의 자기장이 에너지를 공급해서 온도가 엄청나게 올라가기 때문에 매우 큰 에너지의 빛(복사광)을 방출한다. 강착원반은 빛의 속도에 가깝게 움직이는 상태이기 때문에, 뿜어진 빛이 우주로 나올 때 엄청난 가로 도플러효과와 평행 도플러효과 그리고 중력 도플러효과를 일으킨다. 관찰자와 가까워지는 쪽으로 움직이며[10] 방출하는 빛은 블랙홀의 중력 도플러효과에 따라 엄청난 빨강 치우침을 겪고도 X선으로

---

**9** 스티븐 호킹에 의해 블랙홀 주위 공간에서 방출된다고 이론적으로 알려진 호킹복사(Hawking radiation)는 관측 가능하지 않으므로 제외하고 생각하자.

**10** 편의상 관찰자와 가까워지는 쪽과 멀어지는 쪽으로 적어놓았지만, 블랙홀 주변에서는 시공간이 뒤틀려 있으므로 이런 우리의 공간관념은 하등 쓸모가 없다.

관측된다. 반대로 관찰자와 멀어지는 쪽으로 움직이는 물질이 방출하는 빛은 매우 약해지므로, X선에 가려서 관측되지 않는다. 그렇기 때문에 우주에서 X선이 관측되기만 하면 블랙홀 이야기가 흘러나오는 것이다.

## 기타 도플러효과 활용 방법

천문학과 관련이 없는 분야에서 도플러효과를 쓰는 경우를 살펴보자.

야구장에 가면 투수가 공을 던질 때마다 공의 속도를 도플러효과를 활용하여 실시간으로 측정해 알려준다. 기상청에서는 레이더로 대기를 관측해서 바람이나 비의 분포를 꽤 정확히 측정한다. 의료계에서는 혈관조직과 움직이는 피 사이에서 초음파가 일으키는 도플러효과를 이용해서 뇌의 혈류를 측정한다.

단말기의 위치를 정확히 측정하는 GPS는 기준이 되는 인공위성의 신호를 측정해서 도플러효과로 변형된 양을 제거해 줘야 한다. 이때는 평행 도플러효과, 지구 중력에 의한 중력 도플러효과, 인공위성 움직임에 의한 가로 도플러효과, 지구 자전에 의한 가로 도플러효과 등을 모두 고려해야 한다.

와이파이(Wifi) 신호나 이동통신 신호 같은 무선네트워크망도 단말기가 움직일 때 일어나는 도플러효과를 고려해서 사용하는 주파수가 약간씩 변해도 대응하도록 기기를 제작한다. 고속도로에서 쓰이는 하이패스도 비슷하다.

# 7. 도플러효과와 노을

북극 위쪽에서 지구를 내려다볼 때, 지구는 반시계방향으로 자전한다. 해돋이를 보는 관찰자와 해넘이를 보는 관찰자는 지구의 자전 때문에 해를 향한 방향을 기준으로 서로 반대방향으로 움직이고 있다. 〈그림 6-5〉를 보자.

해돋이가 일어나는 적도에 있는 관찰자는 해를 향해 움직이므로 햇빛에 파랑 치우침이 일어나고, 해넘이가 일어나는 적도에 있는 관찰자는 해와 멀어지는 방향으로 움직이므로 햇빛에 빨강 치우침이 일어난다. 지구가 자전하는 속도는 적도에서 465m/s 정도이므로, 적도지역에서 해가 뜨고 지는 두 곳에 있는 관찰자는 상대속도가 930m/s 정도다. 따라서 이 두 곳에서 찍은 사진은 허블의 법칙으로 계산하면 1'2000pc(4만 광년) 정도 떨어진 곳에 있는 천체에서 일어나는 도플러효과만큼 차이가 난다.[11] 물론 멀어서 점으로만 보이는 별도 도플러효과를 측정하여 자전속도를 알아내는 것처럼, 이 정도면 파장 치우침을 분명히 알아낼 수 있다. 사진을 이용해서 도플러효과를 측정하는 것은 직접 관측할 때보다 훨씬 어렵지만, 해돋이와 해넘이를 구분하는 것이 중요한 문제라면 시도해볼 만하다. 다시 말하지만, 이 분석은 매우 어렵다. 그렇다면, 저녁노을과 아침노을 사진을 맨눈으로 보고도 쉽게 구별할 수 있으니,

---

[11] 물론 4만 광년 떨어진 곳은 우리은하 안이니까, 그곳에 있는 별은 실제로는 허블의 법칙에 따른 도플러효과가 생기지 않는다.

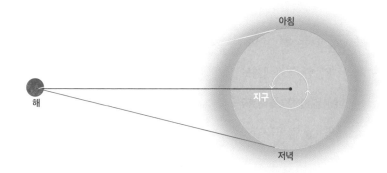

**그림 6-5**　아침과 저녁에 비치는 햇빛 차이

도플러효과가 노을이 차이나 보이게 만드는 주된 요인은 아닌 것 같다.

생각을 조금 더 해보자. 노을이 도플러효과로 눈에 확 띄려면 도대체 지구가 얼마나 빨리 자전해야 할까? 크기가 지구와 비슷하고, 자전주기가 10분 정도인 백색왜성[12] 위에서라면 노을뿐만 아니라 동쪽과 서쪽 하늘에 떠 있는 별도 색깔이 다르게 보일지 모르겠다. 그러나 보통 별에서는 맨눈으로 구별하는 건 불가능해 보인다.

●

사실 우리는 그동안 도플러효과에 신경 쓰지 않고 살아왔다. 예를 들

---

**12** 백색왜성은 크기가 지구보다 큰 경우부터 달만 한 경우까지 있다. 무거울수록 크기가 작아진다. 백색왜성의 자전주기는 막 백색왜성이 됐을 때는 몇 분 정도일 수 있고, 서서히 느려진다.

어, 도플러효과가 일어나야 할 초광속비행이 나오는 〈스타워즈〉나 〈스타트렉〉 같은 옛날 영화는 물론이고, 〈패신저스〉나 〈인터스텔라〉처럼 최근 개봉한 영화에서도 도플러효과가 일어나는 초광속비행 장면을 본 적이 없다. 도플러효과보다 더 극명하게 관찰돼야 할 길이 수축현상도 구현된 장면을 본 적이 없으니, 도플러효과쯤은 무시되는 게 당연한 것일지도 모르겠다.

더 이상 아이디어가 떠오르지 않는다. 도대체 왜 저녁노을은 아침노을보다 훨씬 더 붉은 것일까? 정말 사람들이 활동하며 만드는 먼지와 낮 동안 피어오르는 아지랑이 때문에 더 붉어지는 것일까? 다시 생각해봐도 이 답은 충분하지 않아 보인다.

이 상태에서 생각이 멈춘 채 몇 년이 흘렀다.

**7장**

조석현상과 노을

언젠가 블로그에 조석력에 대한 글을 썼던 적이 있었다. 정확히 기억나지는 않지만, 지구의 자전주기가 느려지는 이유 같은 글이었을 것이다.

그런데 블로그를 이사하면서 글들을 다시 보니 문제가 몇 개 발견됐다. 그래서 문제도 해결할 겸, 달에 대해 자료도 찾아서[1] 반영할 겸 해서 예전에 쓴 글을 다시 교정했다. 아이러니하게도 글을 교정하면서 당시 그렸던 설명도를 보다가 저녁노을이 아침노을보다 더 붉은 이유를 이해하게 되었다. 노을 사진을 찍을 때마다 아침노을과 저녁노을이 차이나는 이유에 대해 고민하기 시작한 지 8년 만이었다. 그런데 이 내용을 글로 쓰다 보니 블로그에 싣기에는 분량이 너무나 길었다. 결국 이 책이 되었으니 배보다 배꼽이 더 커졌다.

---

1 이를테면 인터넷에서 찾은 "우주과학자에게 필요한 달의 지형과 지질"은 꽤 괜찮은 자료였다. https://www.jstna.org/archive/view_article_pubreader?pid=jsta-1-2-217

우리는 늘 중력을 느끼며 살고 있다. 그런데 지구 이외의 무엇인가가 중력으로 당기는 걸 느껴볼 기회는 아예 없어서, 중력이 특별히 있는 것이 아니라 그냥 늘 우리를 속박하고 있는 환경이라고 느낀다. 심지어 간난아이도 DNA에 중력을 각인하고 태어난다고 한다. 그렇기 때문에 중력을 따로 분리해서 인식하기가 힘들다. 이렇게 볼 때 중력이라는 힘을 처음 생각해낸 뉴턴은 아주 특이한 사람이다.

조석력은 중력보다 더 이해하기 힘들다. 지구는 해와 달의 조석력 때문에 내부가 뒤틀린다. 하지만 지구 위에 사는 사람은 바닷물의 움직임 이외에는 뒤틀리는 현상을 좀처럼 느낄 수가 없다. 조석력을 이해하기가 쉽지 않은 이유다. 조석력에 대해 어렴풋하게 짐작했던 사람은 고대에서부터 현대에 이르기까지 많았지만, 이걸 확실하게 알아낸 사람은 중력을 생각해냈던 뉴턴이었다. 뉴턴 이후의 사람들은 뉴턴 덕분에 조석력에 대해 생각하고, 응용할 수 있게 됐다.

이제부터 조석력이 노을에 어떤 영향을 주는지를 알아보려고 한다. 우선 중력이 어떻게 작용하는지 살펴보자. 다음엔 중력이 조석력을 일으키는 원리를 살펴보자. 조석력이 일어나는 원리를 이해하면, 중력이 노을 색깔에 어떤 영향을 주는지 이해하는 건 그리 어렵지 않을 것이다.

# 1. 중력

1600년대의 과학계는 극한에 대한 개념이 거의 정립돼 있었고, 그 개념을 활용한 기초적인 미적분 아이디어가 막 제시된 상태였다. 운동이론은 갈릴레오(Galileo Galilei)가 제시한 개념이 통용되고 있었다. 천체에 대해서는 티코 브라헤(Tyge Ottesen Brahe)가 평생 동안 관측한 자료를 조수이자 제자였던 케플러(Johannes Kepler)가 정리한 케플러의 행성운동법칙(Kepler's laws of planetary motion)이 쓰이고 있었다. 행성운동법칙은 아래와 같다.

① 행성은 해를 하나의 초점으로 하는 타원 위를 움직인다.

② 행성이 타원 위에서 같은 시간 동안 쓸고 간 부채꼴의 면적은 항상 같다.

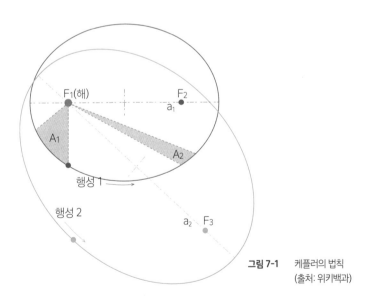

**그림 7-1** 케플러의 법칙
(출처: 위키백과)

③ 행성의 공전주기의 제곱과 궤도의 긴 반지름의 세제곱은 비례한다.

뉴턴은 1666년 흑사병 때문에 근무하던 대학이 휴교하자 고향으로 잠시 피난한다. 고향집에서 연구에 매진하던 뉴턴은 극한에 대한 개념을 완전히 정립하고, 이를 바탕으로 미적분학을 완성한 뒤에 계산방법을 체계화시켰다. 또 갈릴레오가 제시했던 운동에 대한 개념을 정리해서 3가지 운동법칙(Laws of Motion)으로 일반화했다.

① 관성의 법칙
② 동역학의 기본법칙[2]
③ 작용과 반작용의 법칙

이후 거리의 제곱에 반비례하는 힘이 해와 행성들 사이에 작용한다면 케플러의 행성운동법칙을 자연스럽게 설명할 수 있다는 것을 알아냈다. 뉴턴은 이미 실험을 통해서 질량, 에너지, 운동량, 충격량 같은 물리량을 알고 있었다. 이 물리량에 거리의 제곱에 반비례한다는 특성까지 포함하면 중력의 법칙을 떠올리는 건 사과의 도움을 받지 않더라도 그리 어렵지 않았을 것이다. 뉴턴은 이렇게 갈릴레오와 케플러의 연

---

**2** $F=ma$라는 수식 하나로 기술되는 법칙인데, 뉴턴은 기하학 형식으로 기술했다. 미분을 본격적으로 도입한 건 라이프니츠와 동료들이었고, $F$, $m$, $a$라는 알파벳을 각 물리량의 상징으로 쓰기 시작한 것은 (앞에서 이미 말했듯이) 뉴턴보다 200여 년 후대 사람인 맥스웰이 전자기학을 연구하며 한 일이다.

구를 자신이 만든 미적분학으로 분석하여 중력의 법칙을 완성하였다.

$$F = G\frac{m_1 m_2}{r^2}$$

뉴턴은 이때 빛이 입자라는 입자론도 주장했다. 이미 말했지만 입자론은 파동론과 함께 아주 긴 시간 동안 대립했다. 각 이론만으로 설명할 수 있는 현상이 따로 있었기에 무엇 하나 버리기 아까웠지만, 영의 이중슬릿 실험 이후 입자론은 버려진다. 입자론의 강점보다 이중슬릿 실험의 명료함이 과학자들의 구미에 잘 맞았던 것 같다.

뉴턴은 지금까지 언급한 모든 연구를 피난해 있던 1666년부터 1667년까지 1년 반 동안 했다. 이때를 기적의 해(Annus mirabilis)라고 부른다. 하지만 막상 뉴턴은 그리 중요하게 생각하지 않았는지 연구 결과를 거의 발표하지 않았고, 발표하더라도 늘 계산과정은 생략했다.

당시 런던왕립학회 회원이었던 에드먼드 핼리(Edmond Halley)는 케플러의 운동법칙에 대해 고민하다가 대략 거리의 제곱에 반비례하는 힘이 작용하면 행성이 타원궤도를 그리며 움직이게 되는 것 아닐까 추측했다. 그러나 증명할 수 없어서, 이것을 왕립학회 동료들에게까지 증명해 달라고 요청했지만 모두 실패했다.

핼리는 1684년 어느 날 케임브리지 대학의 수학과 교수였던 뉴턴에게 찾아가서 자기 추측에 대해서 넌지시 물어봤는데, 이미 몇 년 전에 증명을 끝냈다는 대답이 돌아왔다. (앞에서 말했듯, 뉴턴이 이미 기적의 해에

끝낸 연구였다.) 그러나 뉴턴의 짐더미 속에서 계산했던 종이 몇 장을 찾는 건 불가능했다. 뉴턴은 대신 새로 계산해주기로 했다. 그리고 실제로 며칠 만에 다시 계산해서 핼리에게 보내줬다. 핼리는 간단하고 깔끔한 증명에 깜짝 놀라서 뉴턴에게 출판비[3]를 대줄 테니 연구내용을 발표하라고 설득했다. 뉴턴은 그러겠다고 약속했다. 3년 뒤 뉴턴은 오늘날 뉴턴역학이라고 불리는 내용을 정리해서 『프린키피아(Principia)』라는 책으로 발표한다.

참고로, 빛 입자론은 무려 240여 년이 지난 다음, 두 번째 기적의 해였던 1905년에 부활한다.[4] 빛이 금속 안의 전자와 반응할 때의 에너지는 당시 풀리지 않던 난제 중 하나였는데, 빛을 입자로 보면 깔끔하게 설명할 수 있었던 것이다. 오늘날에는 몇 줄로 모든 것을 설명할 수 있지만, 이 이론을 발표한 논문은 꽤 길고 지루했다. 통계역학에 의해 전자가 갖는 에너지 분포부터 온갖 물리량과의 관계까지 분석해야 했기 때문이다. 버려졌던 뉴턴의 이론이 부활하는 건 그만큼 힘들었다. 그러나 아이러니하게도 같은 해에 과학계를 지배하고 있던 뉴턴역학은 구멍이 났다. 뉴턴역학은 시간을 절대적인 기준으로 삼고 있었는데, 새로운 이론은 시간이 절대적이지 않다고 주장한 것이다. 놀랍게도 흔적도 없이 사라졌던 빛 입자론을 부활시키고, 잘 나가던 뉴턴역학에 구멍을

---

**3** 당시에는 손으로 일일이 베껴 적었기 때문에 출판비가 집 한 채 값만큼 비쌌다.

**4** 빛 입자론이 부활하고 보니, 입자론과 파동론이 왜 어떤 것은 잘 설명하는데 어떤 것은 전혀 설명하지 못했는지 알게 됐다.

낸 것은 한 사람이었다. 여러분도 잘 알다시피, 바로 아인슈타인이었다.

## 2. 조석력

고대 사람들은 동서양을 막론하고, 막연하게나마 바닷물의 움직임이 달과 관계가 있다는 걸 알고 있었다. 밀물과 썰물이 일어나는 시각이 매일 50여 분씩 늦춰지는데, 이는 달이 뜨는 시각이 늦춰지는 시간과 완전히 똑같았고, 더군다나 달의 위상과 간만의 차이 변화도 같은 주기를 보이기 때문에 누구나 그렇게 유추할 수 있었을 것이다. 그러나 이둘의 관계를 구체적으로 연관짓기는 어려웠다.

뉴턴은 중력이론에 대한 패러다임을 완성하자, 지구의 각 부분에 작용하는 중력이 모두 다르기 때문에 조석력이 일어난다는 것을 간단히 설명할 수 있었다. 정리하면, 조석력이란 '부피가 있는 별'이 다른 별로부터 중력을 받을 때, 부분부분이 받는 중력이 달라서 나타나는 현상이다.

조석력은 영향이 매우 미약하여 단기적으로는 무시해도 되지만, 그 작은 영향이 계속 쌓이므로, 장기적으로는 영향이 크다.

### 해양조석과 지각조석
땅이 바닷물의 움직임에 영향을 주지 않을 정도로 충분히 깊은 바다가 있는 지구와 달만 있는 간단한 우주에서, 달이 지구에 중력을 미칠 때 조석력이 어떤 현상을 일으키는지에 대한 사고실험을 해보자.

중력은 질량에 비례하고, 거리의 제곱에 반비례한다. 따라서 달을 향한 부분은 중력을 더 강하게 받고, 반대쪽은 약하게 받는다. 중간쯤 되는 부분은 모두 중간 정도 크기의 중력을 받지만, 중력의 방향은 달의 중심을 향하기 때문에 위치에 따라 조금씩 다르다.

그러나 지구는 원운동하는, 즉 달을 향해 떨어지고 있는 상태이다. 이때 달의 중력이 지구 앞을 더 강하게, 뒤를 약하게 잡아당기므로, 지구는 길쭉하게 늘어난다. 케플러의 행성운동법칙 세 번째 항목으로 생각해볼 수도 있다. 가까운 쪽은 더 빨리 돌려고 하고, 먼 쪽은 느리게 돌려고 한다. 이 약간의 차이는 지구를 달을 향한 방향의 앞뒤로 늘린다. 그 결과 바닷물은 달을 향한 방향과 반대방향으로 몰리면서 하루에 두 번씩 밀물과 썰물이 일어난다. 〈그림 7-3〉처럼 지구가 달을 향한 방향과 반대방향으로 불룩 솟아오른 설명도를 많이 봐왔을 것이다.

그러나 이 설명도는 지구와 달이 한 장소에 고정되어 있다는 가정 위에서 그려졌다. 뭔가 좀 이상하다. 움직임을 고려하는 동역학 관점으로 살펴봐야 할 것을 아무것도 안 움직이는 정역학 관점으로 살펴본

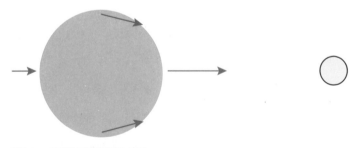

**그림 7-2**　　지구가 달로부터 받는 중력

**그림 7-3**　일반적으로 알려진 조석현상 설명도(출처: hizkuntza wikipedia)

그림이기 때문에 생기는 이질감이다. 여기서 빼먹은 것은 달의 공전과
지구의 자전 두 가지다.

〈그림 7-4〉는 지구 중심 $O$와 달 중심 $M$과 지구 위의 임의의 점 중
에 조석력에 의해 가장 많이 튀어나온 지점 $A$가 이루는 삼각형을 그
린 것이다. 지구 표면 $A$ 위치에 있는 물체는 달에 의해 힘을 $s$방향으
로 받을 것이다. 바닷물이나 공기처럼 움직일 수 있는 유체는 힘을 받
으면 지구 표면을 따라 움직인다. 표면을 따라 움직이는 물의 양이 가
장 많은 위치는 지구와 달 사이의 거리($d$)나 지구의 자전속도와는 상
관없이 $\theta$가 $60°$인 곳이다. (뉴턴은『프린키피아』에 이 값을 $45°$라고 써 놓았다.) 매

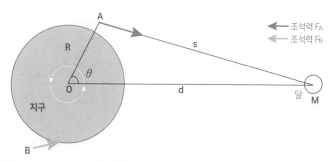

**그림 7-4**　지구의 자전이 조석력에 미치는 영향

우 깊은 바다의 물은 달보다 60°만큼 앞서가며 밀물을 일으킨다는 뜻이다. 그런데 이 이야기는 바닷물이 점성이 없는 유체일 경우의 이야기다.

바다를 채우고 있는 진짜 물은 점성이 있고, 달이 지구 주위를 도는 속도가 물이 움직일 수 있는 속도보다 빠르므로 밀물이 최대로 일어나는 각도 $\theta$는 이상적인 경우의 60°와는 다르게 복잡한 양상으로 나타난다. 물의 점성과 온도, 지구의 자전속도, 바다의 수심 등에 영향을 받는 것이다. 수심 5킬로미터의 균일한 바다로 뒤덮인 지구에서는 각도 $\theta$가 거의 90°가 되어 달이 수평선 위에 있을 때 사리가 되고, 중천에 떠 있을 때 조금이 될 것이다. 바다 깊이가 100킬로미터 정도라면 각도 $\theta$가 거의 0°가 된다.[5] 실제의 지구와 가까울 정도로 바다가 얕을 때는 이 두 각도 사이의 값으로 나타나는데, 이상적인 조건의 60°보다는 살짝 클 것이다.

공기는 물보다 점성이 훨씬 작고, 밀도도 낮아서 이상적인 경우와 더 비슷할 것이다. 그러나 대기의 두께는 10킬로미터 정도로 얇다고 볼 수 있으므로, $\theta$는 이상적인 60°와는 좀 달라질 것이다.

바위로 채워져 있는 지각은 위치를 바꾸지는 않고 제자리에서 들썩일 뿐이므로, 흘러 다니는 유체인 물과 공기로 채워져 있는 바다나 대기와는 성질이 판이하게 다르다. 조석력을 받을 때 달의 중력이 향하는 방향으로 더 빨리 움직이는 것이다. 물론 지각이 위치를 바꾸는 데 시간을

---

**5** 제임스 트레필, 이한음 옮김, 『해변의 과학자들』, 지호, 55쪽

쓰지 않더라도 변형되는 시간이 필요하므로 부풀어 오르는 각도 $\theta$가 0°로 되지는 않는다. GPS가 보급된 이후 실제로 알려진 값은 8° 정도였다.

이렇게 지각에서 일어나는 조석력을 '지각조석'이라 부른다. 이와 달리 대기와 바닷물이 움직이며 일어나는 조석력을 '해양조석'이라고 부른다. 지각조석과 해양조석은 다른 천체에서도 일어난다. 거대행성과 그 주위의 큰 위성 사이에서 일어나는 변형을 어렵지 않게 볼 수 있다.

잠깐 현실의 지구를 생각해보자. 지각조석이 일어나는 양은 GPS가 정밀해지면서 전 지구적으로 측정되고 있는데, 장소에 따라 20~50센티미터 정도라고 한다. 이 값은 16미터에 달하는 서해안의 간만의 차이와 비교하면 터무니없이 작다. 그러나 사실 태평양 같은 큰 바다의 한가운데에 있는 섬에서 관찰되는 해양조석의 간만의 차는 지각조석과 비슷하다. 그러면 왜 해변에서는 간만의 차이가 커질까?


## 현실 속에서의 간만의 차

노을과는 상관없는 이야기지만, 간만의 차에 대해서 잠시 살펴보자.

과학에서 이론을 전개할 때, 배경이 무한히 뻗어있다거나 개수가 무한하다고 가정하는 경우가 많다. (미국 드라마 〈빅뱅이론〉에서 나온 '진공 상태에 있는 구형의 닭'이 그 예를 잘 보여준다.) 배경이 변하는 경계 부근에서 나타나는 현상이 너무 복잡하기 때문에, 무한이라는 개념을 도입하는 편법으로 경계가 생기지 않는다고 가정하여 어려움을 피해가는 것이다. 이렇게 과학자들이 피해가고 싶어하는, 배경이 변하는 곳에 나타나는 복잡한 현상을 '모서리 효과(edge effect)'라고 부른다.

바닷물은 보통은 파동이 전파할 때 매질이 제자리에서 반복해 움직이는 것과 같은 방식으로 움직인다. 그러나 육지와 바다가 만나는 해안에서는 조금 다르다. 지구의 바다는 해양조석이 원활히 일어날 만큼 충분히 깊지 않고, 또 대륙이 솟아있는 모양이 프랙탈이라 할 정도로 복잡하기 때문에 조수가 움직일 때 매우 복잡한 모서리 효과가 나타난다.[6] 바닷물은 땅에 막힌 쪽으로는 순환할 수 없기 때문에 우르르 몰려왔다가 우르르 몰려가면서 간만의 차가 커진다. 이때 워낙 많은 바닷물이 움직이기 때문에 큰 흐름이 나타나는데 이를 조류(潮流)라고 부른다.

쉽게 짐작할 수 있겠지만, 조류는 강한 흐름이므로 전향력을 크게 받는다. 따라서 북반구에서는 조석의 위치가 바다를 중심으로 볼 때 반시계방향으로 돈다. 목포가 밀물이 되면 그 뒤 몇 시간 동안 군산이 밀물이 되고, 계속 차례차례로 서산, 인천, 남포, 신의주가 밀물이 되는 것이다. 이 움직임은 달이 일으키는 것이기 때문에 달의 움직임과 주기가 완전히 똑같다.

한편 파동이 줄(현)이나 공기기둥(기주)에서 '공명'을 일으키는 것처럼 바닷물이 공명을 일으키기도 한다. 그렇기 때문에 간만의 차이가 10미터 이상인 곳이 있는가 하면, 전혀 변하지 않는 곳도 있고, 때로는 달

---

6  아직은 슈퍼컴퓨터로 분석해도 밀물과 썰물의 움직임을 3센티미터 정도의 정확도로밖에 알 수 없다고 한다. 아마도 해륙풍 같은, 바다 이외의 요소가 만드는 모서리 효과도 적용해야 하기 때문인 것 같다. 그래서 배를 모는 선장들이 만든 수표가 더 정확하다.

위치와는 반대로 움직이는 곳도 있다. 대표적으로 캐나다 서쪽 펀디만 (Bay of Fundy)은 간만의 차가 17미터나 되고, 남중국해는 조석이 하루에 한 번씩만 일어난다.

호수에서도 조석현상이 일어나는데, 면적이 좁은 만큼 주기가 짧고, 간만의 차도 매우 작다. 바이칼호, 흑해, 오대호 같은 큰 호수도 간만의 차가 3센티미터 이하이다. 뉴질랜드 남섬의 퀸즈타운 앞에 있는 와카티푸호(Lake Wakatipu)는 매우 특이하다. 진동주기는 26.7분으로 평범한데, 간만의 차가 20센티미터나 된다.


## 조금과 사리

우주에는 수많은 천체가 있는데 이들은 모두 지구에 조석력을 가한다. 조석력은 두 가지 요인의 영향이 큰데, 첫째는 중력을 일으키는 천체의 질량이고, 둘째는 두 천체 사이의 거리이다. 이렇게 볼 때 지구는 지구와 가장 가까운 달과 압도적으로 무거운 해로부터 조석력을 가장 크게 받을 것이다. 직접 계산을 해보기 전에는 누가 영향을 더 크게 주는지 알기 어려운데, 달이 해보다 조석력이 두 배 정도 크다.

조석은 원인이 되는 천체보다 무조건 특정한 각도만큼 앞서가기 때문에 해와 달이 같은 방향이나 반대방향에 있을 때 보강이 일어나고, 따라서 사리가 된다. 반대로 해와 달이 지구를 중심으로 수직인 방향에 있을 때 상쇄가 일어나고, 따라서 조금이 된다. 한 장소에서 간만의 차를 한 달 동안 측정해보면, 해의 조석력이 달의 조석력의 절반이기 때문에 사리일 때의 바닷물의 변화가 조금일 때보다 세 배 정도로 클 것이다.

## 조석력과 각운동량 변화

아폴로 11호가 달에 삼각거울이라 불리는 레이저 반사경(Laser Ranging Retro-Reflector)[7]을 놓고 온 이후 측정한 결과를 보면, 달과 지구 사이의 거리가 매년 3.8센티미터 정도 멀어지고 있다. 또, 해와 지구 사이의 거리도 여러 인공위성의 운동으로 측정한 결과 매년 15센티미터 정도 멀어지고 있다. 도대체 어떻게 멀어지는 것일까?

앞에서 살펴본 것처럼 지구는 달의 조석력 때문에 특정한 방향으로 살짝 튀어나와 있다. 튀어나온 부분 중에 달과 가까운 쪽을 A, 먼 쪽을 B라고 하고, 이곳에 미치는 달의 중력을 $F_A$, $F_B$라고 해보자. 지구 자전속도가 달 공전속도보다 더 빠르기 때문에 A와 B, $F_A$(빨간 화살표), $F_B$(녹색 화살표)는 〈그림 7-5〉처럼 보일 것이다.

만약 지구 형태가 조석력의 영향을 받지 않아서(지구가 힘에 의해 변형되지 않는 강체[8]라서) 달에서 봤을 때 모양이 완전히 대칭이라면 A와 B 부위는 생기지 않을 것이므로, $F_A$와 $F_B$는 지구 자전에 영향을 미치지 않을 것이다. 그러나 지구는 강체가 아니어서 A와 B 두 곳이 튀어나온다. 이때 $F_A$는 지구를 자전과 반대방향으로 돌게 작용하고, $F_B$는 지구를

---

**7** 3개의 평면거울이 정육면체의 한 꼭짓점처럼 서로 수직으로 붙어있다. 실제로는 석영 결정을 서로 수직인 3개의 면으로 깎아서 만든다.

**8** 어떤 경우에도 변형되거나 부서지지 않는 이상적인 물체. 사고실험이나 문제를 풀 때 자주 등장하지만, 실제로 이런 물체는 없다.

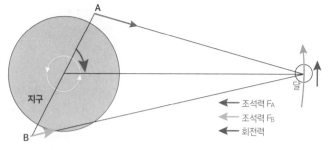

**그림 7-5** 조석력에 의한 각운동량 전달

자전과 같은 방향으로 돌게 작용한다. A가 B보다 달에 더 가깝기 때문에 $F_A$가 $F_B$보다 더 크고, 결국 $F_A$와 $F_B$가 합쳐진 힘은 지구를 자전과 반대방향으로 가속한다. 그리하여 지구는 자전 속도가 점점 느려진다.

물론 달도 처음에는 이와 똑같은 힘을 지구로부터 받았을 것이다. 그러나 달은 지구보다 훨씬 작아서 갖고 있던 각운동량이 적었고, 자전을 느리게 만드는 지구 중력이 달 중력보다 80배 정도 더 강했으므로 훨씬 빨리 자전을 멈추어 조석고정(Tidal locking)이 되었다. 천문학자들에 의하면 1억 년도 채 걸리지 않았을 것이라고 한다. (중요한 건 아니지만, 개인적인 의견으로는 느려지는 도중에 궤도공명이 일어나서 조석고정이 되는 데 훨씬 더 오래 걸렸을 가능성이 있다.)

이제 이 현상을 달의 입장에서 살펴보자. 지구의 A와 B가 각각 달을 잡아당기는 힘 $-F_A$와 $-F_B$도 $-F_A$가 더 크므로 달은 공전 방향으로 힘을 받아 공전속도가 빨라진다. 공전속도가 빨라지면 운동에너지의 일부가 위치에너지로 변하면서 지구와의 거리가 멀어진다. 이 변화는 각운동량이 보존되기 때문에 일어난다고 봐도 좋다.

●

옛날에 지구에 일어났던 일을 한 가지 살펴보자. 연구에 따르면 지구는 약 24억 년 전부터 5억 년 전까지 19억 년 동안은 하루가 21시간으로 일정했다.[10] 1만 년마다 1초 이상씩 자전주기가 길어지고 있는 오늘날과 비교하면, 뭔가 특이한 일이 있었던 게 분명하다.

이런 일이 왜 일어났는지 이해하기는 쉽지 않다. (앞에서 잠깐 지나가며 말했던 것처럼) 해양조석은 조건에 따라 유체가 몰려 튀어나오는 방향이 조금씩 달라진다. 컴퓨터 시뮬레이션에 의하면 지구의 자전주기가 21시간이었을 때는 지구 대기가 가장 몰리는 방향이 지금과는 반대였다고 한다. 그래서 해양조석과 지각조석이 지구의 각운동량에 미치는 영향이 반대였고, 서로를 상쇄시켰다. (대기의 해양조석과 땅의 지각조석 각각의 $F_A$와 $F_B$를 합한 값이 서로 반대여서 합하면 '0'이 된다.) 더군다나 (왜인지는 몰라도) 이 상태는 안정평형이었기 때문에, 지구의 자전속도가 21시간에서 잠깐 벗어나더라도 다시 되돌아왔다.

지구가 빙하기가 되면 극지방에 빙하가 늘어나므로, 적도에 있던 물

---

**9** https://agupubs.onlinelibrary.wiley.com/doi/full/10.1002/2016GL068912

**10** https://www.science.org/content/article/totally-new-idea-suggests-longer-days-early-earth-set-stage-complex-life

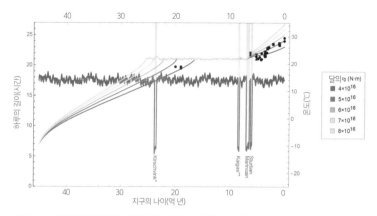

**그림 7-6** 지구의 자전주기와 평균기온. 지구의 기온(빨간 그래프)은 2번의 눈덩이 지구 시절 이외에는 거의 항상 일정했다. 지구의 자전주기 변화 그래프(푸른 계열 그래프)는 달이 지구에 가하는 조석력이 얼마나 강한지 알지 못하기 때문에, 모두 5가지 값을 가정하여 지구-달 운동을 시뮬레이션하였다. 지질학적 관찰에 의한 값(검은 점)과 비교했을 때 앞으로 지구와 달의 미래가 어떻게 변해갈지 추측할 수 있다.(출처 : AGU)[9]

이 극지방으로 옮겨가는 것과 같은 상황이 되어 자전속도가 빨라진다. 반대로 지구가 온난해져서 극지방의 빙하가 녹으면 극지방에 있던 물이 적도 쪽으로 움직이는 셈이 되므로 자전속도가 느려진다. 피겨스케이팅에서 스핀 기술을 구사할 때 팔을 몸쪽으로 오므리면 도는 속도가 빨라지고, 옆으로 펴면 느려지는 것과 같은 원리이다. 그러나 빙하기가 극심해서 적도까지 지구 전체가 빙하로 뒤덮이면, 대륙 위의 빙하에 포함된 물은 지구의 자전축에서 멀어지는 셈이 되므로 자전속도가 느려진다. 물론 이렇게 느려진 자전속도는 극심한 빙하기가 끝날 때 원래대로 되돌아갈 것이다.

지구는 적도까지 빙하로 뒤덮인 적이 두 번 있었다. 이걸 눈덩이 지구라고 부른다. 두 번째 눈덩이 지구는 지구의 자전주기가 21시간이었을 때 찾아왔다. 그래서 지구의 자전주기는 21시간보다 훨씬 길어졌다. 원래는 자전주기가 21시간에서 안정평형 상태이기 때문에, 이 상태가 오래 유지되면 자전주기가 서서히 짧아질 것이고, 그전에 눈덩이 지구가 끝나도 자전주기가 짧아져 다시 21시간이 됐을 것이다. 원래는 그랬어야 했다.

그런데 5억 년 전에 지구가 눈덩이가 됐을 때는 느려져도 너무 느려지다 보니 지구의 자전이 안정평형 상태에서 벗어나서 자전주기가 점점 길어졌고, 눈덩이 지구가 끝난 뒤에도 21시간으로 되돌아갈 수 없었다. 그 이후부터 지금까지 자전주기는 계속 길어지고 있다.

이 19억 년이 없었다면, 지금 우리는 대략 30시간이 하루인 세상을 살아가고 있었을 것이다. 그러면 달은 아주 작게 보였을 테고, 지구와 해 사이의 거리도 더 멀어서 우리는 지구 온난화를 걱정하는 게 아니라 지구를 따뜻하게 만들 방법을 궁리하고 있었을지도 모른다. (물론 우리가 간빙기에 살고 있으면서도 온난화를 걱정하는 것처럼, 지구가 더 추웠어도 그 상태에 적응해 살았겠지만…. 그보다는 개기일식이 없어서 아쉬울 것 같다.)

반대로 두 번째 눈덩이 지구일 때 지구가 안정평형 상태를 벗어나지 않았다면, 지금도 하루가 21시간이었을지도 모른다. 그런 세상이었다면 드라마 〈나의 아저씨〉에 나온 장면처럼 달이 지금보다 훨씬 크게 보였을 것이다. 그뿐만 아니라 지구와 해 사이의 거리가 더 가까워서 지구는 훨씬 따뜻했을 것이다. (역시나 개기일식이 없어서 아쉬울 것 같다.)

전체적으로 살펴봤을 때, 조석력은 지구의 자전 각운동량을 달의 공전 각운동량으로 변환시킨다. 그렇다면 시간이 아주 오래 지난 후에는 어떻게 될까? 30~40억 년 후 달은 지금보다 지구에서 60퍼센트 정도 더 멀어진다. 이때 지구의 자전주기는 지금의 55배인 1320시간이 될 것이고, 달도 같은 시간 동안 한 번 공전할 것이다.[11] 왜소행성(dwarf planet)인 명왕성(소행성 번호 134340)과 위성 카론처럼 서로 마주보며 돌게 되는 것이다. 그러면 그 이후에는 어떻게 될까? 변화속도는 느리겠지만, 거리가 점점 가까워진다. 이 변화는 다른 천체의 조석력, 공전에 의한 중력파 방출[12] 등이 원인이다. 그렇게 언젠가는 하나로 합쳐질 것이다. 100억 년쯤 뒤에?[13]

한편, 해의 조석력은 달의 조석력과는 좀 다른 양상이 나타난다. 해가 볼 때 지구와 달은 하나의 중력계로 묶여있다. 따라서 지구와 달을 합한 계와 해 사이에 나타나는 조석력이 지구와 해 사이에 나타나는 조석력보다 훨씬 더 강할 것이다. 이런 이유로 지구는 달이 없을 때보다

---

**11** 제임스 트레필, 『해변의 과학자들』, 이한음 옮김, 지호, 97쪽

**12** 중력파 방출은 백색왜성, 중성자별, 블랙홀처럼 밀도가 높은 천체가 서로 빠르게 공전할 경우엔 다른 그 어떤 요소보다 영향이 크다. 그러나 지구나 달 같은 일반적인 천체가 움직일 때는 영향이 없다고 봐도 된다.

**13** 이때는 이미 해의 수명이 끝난 뒤이기 때문에 해도, 지구도, 달도 남아 있지 않고, 대신 하나의 백색왜성과 큼지막한 행성상성운만 남아 있을 것이다.

있을 때 해에게서 더 빨리 멀어진다. (지금도 지구가 금성이나 화성보다 해로부터 더 빨리 멀어지고 있을 것이다.)

이제 해왕성과 트리톤을 생각해보자. 지구의 자전과 달의 공전이 같은 방향인 것과는 반대로, 해왕성의 자전방향과 트리톤의 공전방향은 반대다. 앞에서 살펴본 지구와 달의 조석력과는 튀어나온 부분의 방향이 반대여서, 설명도(〈그림 7-5〉)의 $F_A$보다 $F_B$가 더 강하기 때문에 해왕성의 자전속도는 점점 더 빨라지고, 그만큼 둘 사이의 거리는 점점 가까워진다. 천체물리학자들은 3억 6천만 년 뒤에 트리톤이 해왕성의 로슈의 한계[14]에 도달해서 부서지면서 충돌할 것으로 예상하고 있다.

## 우주에서 흔히 일어나는 조석현상

지금까지 태양계 안에서 일어난 조석현상을 살펴보았다. 별이 중력 때문에 모양이 변형되는 양은 보통 매우 적다. 그러나 약한 조석력이 만든 영향은 오랫동안 축적되면서 여러 가지 일이 일어난다. 여러 별의 공전주기가 간단한 정수비가 되는 궤도공명은 매우 약한 조석력이 수십억 년 동안 가해졌기 때문에 나타난 현상이다. 대표적인 예로 목성의 갈릴레이 위성 중 가니메데, 에우로파, 이오의 공전주기는 4:2:1이

---

**14** 가벼운 천체와 무거운 천체가 가까워져 특정한 거리가 되면, 가벼운 천체의 일부가 가벼운 천체보다 무거운 천체의 중력을 더 크게 받아서 무거운 천체로 떨어지게 된다. 일부를 잃은 가벼운 천체는 중력이 점점 약해지고 물질을 새로 얻은 무거운 천체는 중력이 점점 강해지므로, 가벼운 천체는 무거운 천체에게 점점 더 많은 물질을 잃게 되어 결국 아무것도 남지 않게 된다. 이런 현상이 일어나는 거리를 로슈의 한계라고 한다.

**그림 7-7**    제임스 웹 우주망원경으로 찍은 스테판 5중주. 페가수스 자리의 매우 가깝게 보이는 5개의 은하. 왼쪽의 NGC 7320부터 시계 방향으로 NGC 7319, NGC 7318(a 와 b), NGC 7317이다. NGC 7320은 우연히 시선방향이 같을뿐. 우리은하와 가까운 은하이다. 나머지 네 은하는 서로 하나로 충돌하여 뭉치는 중이다. 충돌중인 네 은하는 내부구조가 불규칙한데, 충돌과 무관한 NGC 7320은 내부 구조를 유지하고 있다. (출처:NASA)

며, 해왕성과 명왕성은 공전주기가 2:3이다. 수성의 경우는 조금 달라서, 공전주기와 자전주기가 3:2를 유지한다. 수성이 해에 가장 가까운 곳을 지날 때 중력 측면에서 수성의 가장 튀어나온 부위가 해를 향했다가 반대편을 향했다가 하는데, 이때가 에너지가 낮은 준안정상태라서 두 주기가 서로를 고정시키는 것이다. (공전주기와 자전주기가 같은 상태일 때 에너지가 가장 낮다. 그러나 이 상태가 되려면 우선 준안정상태를 빠져 나와야 하기 때문에 변하기가 쉽지 않다.) 이것을 조석고정이라고 한다.

반대로 중력이 물질이 뭉치는 것을 막기도 한다. 화성과 목성 사이의 소행성대가 하나로 뭉치지 못하는 것은 주변의 다른 별이 조석력을 미치기 때문이라고 생각된다.

충돌하는 은하 사진을 보면 조석력이 어떻게 작용하는지 더 극명하게 알 수 있다. 별은 오직 중력에 의해서만 움직이기 때문에, 점성이 없는 이상적인 유체가 움직이는 것과 비슷하다.

큰 은하 주위에 있는 작은 위성은하도 마찬가지다. 홀로 있는 작은 은하는 내부 구조가 있지만, 비슷한 크기의 은하가 다른 큰 은하의 위성은하일 경우는 내부 구조가 불규칙하다. 처음에 구조를 갖고 있었더라도 큰 은하의 강한 조석력 때문에 구조가 흐트러지는 것이다.


## 3. 조석력이 노을에 미치는 영향

앞에서 봤던 〈그림 6-5〉를 다시 살펴보자. 이 설명도를 그릴 때는 고려

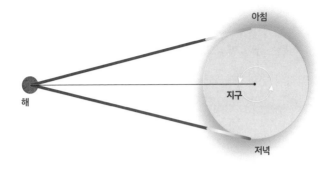

**그림 7-8**　해와 지구만 있을 경우의 대기 분포와 햇빛이 지나오는 경로

하지 않았던 조석력에 의해 대기에 해양조석이 일어난다. 그러면 지구의 상태는 〈그림 7-8〉처럼 바뀔 것이다. 달이 없다면 해의 조석력에 의해 저녁 시간에 지구 대기가 몰리는 변형이 일어나서, 아침보다 저녁에 비추는 햇빛이 더 많은 공기층을 지나게 된다. 이때 정확히 얼마나 몰리는지는 알 수 없다. 다만, 기상청 홈페이지에 공개되는 기압 측정 자료를 받아서 분석해보니 $\theta$는 80° 정도였다. 저녁노을을 만드는 햇빛은 우리가 보는 햇빛 중 가장 많은 대기를 거친 것이다. 그리하여 저녁노을은 부드럽고 더 붉은 느낌이 들고, 상대적으로 아침노을은 청명하고 덜 붉은 느낌이 든다. 이 설명은 낮에 먼지가 많아져서 노을이 달라진다는 이야기보다 훨씬 더 보편적이다. 게다가 앞에서 살펴봤던, 아침노을이 저녁노을보다 더 밝게 보이는 이유에 카메라를 똑같이 설정하여 사진을 찍을 때 더 밝게 찍히는 이유도 설명할 수 있다.

　해양조석이 반대로 나타났던 24억 년에서 5억 년 전까지는 저녁일 때보다 아침일 때 대기가 더 몰려있었을 것이다. 이때는 저녁노을보다 아침노을이 더 화려했을 것이다. 그런 세상은 어떨까 궁금해진다.

지금까지 저녁노을이 아침노을보다 더 붉은 이유를 살펴봤다. 조석력에 의한 대기의 변화가 큰 영향을 미친다는 점은 확실하다. 그러나 실제로는 달이 해보다 조석력을 지구에 두 배나 크게 가하므로, 원리적으로 아침노을 같은 저녁노을이나 저녁노을 같은 아침노을을 매달마다 며칠은 볼 수 있어야 한다. 하지만 실제로는 안 그렇다. 왜일까?

지금까지 우리는 노을이 왜 붉은지, 또 아침노을과 저녁노을은 왜 다른지에 대해 살펴보았다. 노을을 이해하려면 여러 가지 과학적 지식이 필요하다. 빛도 알아야 하고, 우리가 어떻게 빛을 인지하는지도 알아야 한다. 1장과 2장에서 우리가 다루었던 것들이다. 3장에서는 산란에 대해 살펴보았다. 산란은 파란 하늘과 붉은 노을을 설명할 수 있는 아주 중요한 물리 개념이다. 4장에서는 노을이 질 때 해의 겉보기 모습에 나타나는 네 가지 현상, 즉 굴절로 인해 떠올라 보이는 현상, 모양의 왜곡, 신기루, 노루꼬리에 대해 살펴봤다. 과학적 호기심을 충족하는 것을 넘어서, 노을을 보거나 사진 찍기를 좋아하는 분들에게 유익했으면 좋겠다.

5장에서는 저녁노을과 아침노을이 다른 이유를 설명하는 기존의 이론에 대해 살펴보았다. 아침과 저녁에 먼지의 양이 차이가 난다는 이론은 환경에 따라 아주 약간은 영향을 미칠 수 있을지도 모른다. 하지만 큰 먼지는 보통은 햇빛을 균등하게 없애는 미 산란을 일으켜서 무채색의 헤이즈를 만들지, 특정한 파장의 빛만 특별히 편애하며 산란을 일으키지는 않는다. 열대의 노을을 보기 위해 태국 꺼창까지 날아갔지만, 노을을 보기 힘들었던 이유다.

고등학교 무렵에는 당시 배웠던 도플러효과가 노을과 연관이 있지 않을까 하는 생각을 했다. 하지만 6장에서 우리가 살펴보았듯이 해와 지구 사이에 일어나는 도플러효과는 노을에 거의 영향을 미치지 않는다.

7장에서는 중력에 의한 조석력과 노을의 연관성을 설명했다. (이 책을 쓰는 계기가 되었던 이야기다.) 조석력은 노을에 확실히 큰 영향을 미친다. 하지만 실제로는 달이 해보다 지구에 두 배나 크게 조석력을 가하므로, 원리적으로 아침노을 같은 저녁노을이나 저녁노을 같은 아침노을을 매달마다 몇 번씩은 볼 수 있어야 한다. 그러나 그런 일은 일어나지 않는다.

특히 7장 본문에는 처음에 생각했던 내용의 자세한 부분이 모두 빠지고 한 문장으로 끝을 맺은 이야기가 있다. 개인적으로 기상청에서 대기압 자료를 다운받아서 분석해 봤는데, 하루를 주기로 대기압이 오르내리는 건 분명했다. 하루 중에 대기압이 가장 높아지는 건 해질녘쯤이었다. 조석력에 의한 공기의 움직임이 무언가를 일으킨다는 확실한 증거였다. 그런데 달의 영향으로 저녁에 대기가 더 적을 것으로 예상됐던 반달일 때에도 저녁에 대기압이 높아지는 건 마찬가지였다. 이 자료를 쓰기 위해서는 이 문제를 해결해야 했다. 그러려면 좀 더 많은 지역과 다양한 환경에서 일어나는 현상을 조사해야 한다.

하지만 날씨는 복잡계이기 때문에, 무언가를 알아내기는 매우 어렵다. 어떤 일이 일어나고 있는 건지 더 정확히 알기 위해서는 출판을 위한 자료조사가 아니라 전문적인 연구가 필요하다는 결론을 얻었다. 그래서 아쉽지만, 본문에 이 내용을 넣지 않기로 했다.

이 책을 쓰는 동안 두 가지를 생각했다. 첫째는 고운 것을 보고, 그것에 대해 사유해본 과정을 말해보고 싶었다. 곱다는 것은 이 책에서 말한 노을뿐 아니라, 세상의 온갖 사물과 현상에서 찾을 수 있다. 여러분도 자신이 보았던 세상의 아름다움에 대해 탐구해보는 즐거운 경험을 함께 했으면 하는 바람이다. 둘째는 우리가 아는 것이 많으면서도 또 별로 없다는 것을 이야기하고 싶었다. 그래서 현재 미해결 문제가 떠오르면 (책의 목적을 바꾸지 않는 정도에서) 일부러 언급했다. 본래 생각했던 의도가 잘 전달됐는지 모르겠다.

이 책을 다 읽었다면, 이제 밖에 나가서 노을을 맨눈으로 보면서 맘껏 즐겨보자. 과학도 중요하지만, 그보다는 직접 느끼는 게 더 중요하니까. 그리고…. 당신도 그중 일부라는 것을 잊지 말자.

# 참고자료

게릿 L. 버슈, 백상현 옮김, 『대충돌』, 영림카디널, 2004

기타무라 마사토시, 김영덕 옮김, 『별의 물리』, 전파과학사, 1981

김도현, 『동물의 눈』, 나라원, 2015

김중복·김현아·김수경, 『과학교사를 위한 빛과 파동』, 홍릉과학출판사, 2006

닐 코민스, 이충호 옮김, 『위험하면서 안전한 우주여행 상식사전』, 뿌리와이파리, 2008

다나 맥켄지, 마도경 옮김, 『대충돌』, 이지북, 2006

도쿄물리서클, 영재들을 위한 과학교사 모임 옮김, 『뉴턴도 놀란 영재들의 물리노트 II』, 이치, 2008

로버트 M. 헤이즌, 김미선 옮김, 『지구 이야기』, 뿌리와이파리, 2014

리처드 파인만·로버트 레이턴·매슈 샌즈, 박병철 외 옮김 『파인만의 물리학강의』, 승산, 2004

《물리학과 첨단기술》, 2000년 1/2월, "막스 플랑크와 흑체 복사 이론"

브래들리 캐럴 · 데일 오스틸리, 강영운 · 김용기 · 이희원 옮김, 『천문학 입문과 태양계』(2 판) PART 1, 청범출판사, 2009

사색자에 관한 정보: https://en.wikipedia.org/wiki/Tetrachromacy

수치천체물리학연구회, 『수치천체물리학 I』, 민음사, 1995

아이작 뉴턴, 『프린키피아』, 이무현 옮김, 교우사, 1998

앤드루 파커, 오숙은 옮김, 『눈의 탄생』, 뿌리와이파리, 2007

위키피디아(Wikipedia)의 'sun', 'Mie Theory' 항목

유진 헥트(Eugene Hecht), 조재홍·장수·황보창권·조두진 옮김, 『광학』(4판), 두양사, 2008

제임스 트레필, 이한음 옮김, 『해변의 과학자들』, 지호, 2001

제임스 트레필, 장석봉 옮김, 『하늘의 과학자들』, 지호, 2001

최승언, 『우주의 메시지』, 시그마프레스, 2008

콘세타 안티코(concetta antico)의 홈페이지(https://concettaantico.com/)와 유튜브 채널 (https://www.youtube.com/user/AnticoFineArt)

킵 S. 손, 박일호 옮김, 『블랙홀과 시간굴절』, 이지북, 1994

후쿠에 준·이와노 유미, 정난진 옮김, 『3일만에 읽는 우주』, 서울문화사, 2008

https://agupubs.onlinelibrary.wiley.com/doi/full/10.1002/2016GL068912

https://www.constellation-guide.com/helix-nebula-ngc-7293-caldwell-63-
inaquarius/

인천 함봉산의 아침노을. 해가 산 위쪽으로 뜨는 중이기 때문에 햇빛의 파란 빛도 산란되지 않았고 그 빛이 노루꼬리를 만들었다(2020년 10월 23일 촬영).

인천 함봉산의 저녁노을. (인천공항 관제탑이 보인다.) 지평선 아래쪽으로 내려갔던 햇빛도 산란을 일으켜서 지평선 아래쪽도 붉어졌다. 해는 꼭대기에 녹색이, 아래쪽에 빨강이 노루꼬리로 나타났다(2020년 10월 27일 촬영).

뉴질랜드 모에라키 볼더스 해변의 아침노을(2016년 4월 28일 촬영).

뉴질랜드 퀸즈타운 앞의 와카티푸호 동쪽 길에서 찍은 아침노을. 밀퍼드 사운드에 폭우가 내리던 중이어서 인지 아침노을이 저녁노을보다 붉게 불탔다(2016년 4월 29일 촬영).

볼리비아 루레나바께 비숲의 저녁노을. 광활한 평원에 뜨는 노을은 엄청나게 화려하지만, 아마존의 수증기가 미 산란을 일으켜서 더이상 붉어지지는 않았다(2017년 2월 16일 촬영).

캄보디아 똔레샵 호수의 저녁노을. 아열대 지역이지만 건기여서 레일리 산란이 심하게 일어나 굉장히 붉어 졌다(2013년 1월 31일 촬영).

캄보디아 앙코르와트의 아침노을. 전형적인 아침노을의 모습을 보인다(2013년 1월 30일 촬영).

매우 강했던 태풍 힌남노와 난마돌이 연이어 지나가며 대기를 유래 없이 두텁게 했다. 햇빛이 대기를 지나온 거리가 멀어지면서 해가 위아래로 심하게 눌려 보였다. 그러나 미세먼지 때문인지, 하늘 전체가 붉어지는 화려함은 없었다(2022년 9월 19일 촬영).

볼리비아 우유니소금사막의 저녁노을. 노을로 유명한 곳이지만, 3600미터 정도의 고지대여서 대기가 엷기 때문에 노을이 더이상 붉어지지 않는다(2017년 2월 22일 촬영).

# 노을의 물리학

2022년 9월 29일 1판 1쇄 발행

| | |
|---|---|
| 지은이 | 황춘성 |
| 펴낸이 | 박래선 |
| 펴낸곳 | 에이도스출판사 |
| 출판신고 | 제395-251002011000004호 |
| 주소 | 경기도 고양시 덕양구 삼원로 83, 광양프런티어밸리 1209호 |
| 팩스 | 0303-3444-4479 |
| 이메일 | eidospub.co@gmail.com |
| 페이스북 | facebook.com/eidospublishing |
| 인스타그램 | instagram.com/eidos_book |
| 블로그 | https://eidospub.blog.me/ |
| 표지 디자인 | 공중정원 |
| 본문 디자인 | 김경주 |

ISBN 979-11-85415-51-2　　03420